미래도시 건축과
자연의 조화로운시설

하 랑
도서출판

미래도시건축과 자연의 조화로운시설

발행일 : 2025년 8월 30일
출판사 : 하랑출판
주　　소 : 서울시 중구 퇴계로28길 8
전　　화 : 02-2263-3337

CONTENTS

비쟌티움
Byzantium

Rem Koolhaas가 설계한 이 미발표 집합주택은 암스테르담 도심지에 위치하고 있으며, 오피스텔과 상가가
복합적으로 구성된 프로그램을 가지고 있다. 공원에 면한 곳에는 저층의 집합주거를 형성하고, 대로변으로는
고층의 오피스텔과 상가, 그리고 일부 집합주거로 구성되어 있다. 특히 오피스텔 매스의 1층 부분을 사선의
캐노피로 디자인하여, 가로에서 볼 때 강한 방향성을 제시하고 있고, 상층부에 있는 돌출된 원형 매스는
Rem Koolhaas가 네덜란드 국립극장에서 사용한 것과 같은 것으로서, 주변 대지에서 볼 때 강하게 인지되
는 디자인 요소가 되고 있다. 오피스텔 부분은 격자의 틀 안에 유리로 마감되어있고, 1층의 상가 부분은 사선
으로 돌출된 캐노피가 매스를 형성하면서 독특한 형태를 취하고 있으며, 집합주거 부분은 정형화된 사각형의
매스가 규칙적으로 배치되어 있다. 발코니 부분은 난간을 유리로 처리하여 건물을 상대적으로 가벼워 보이도
록 처리하고 있다.

Rem Koolhaas의 건축사고방식
: OMA의 1970~1980년대의 건축 – Rem Koolhaas

1970년대와 1980년대는 문화의 격동기로서 다양한 나라, 다양한 사람에 의해 다양한 작품이 만들어졌다. OMA의 작품은 이러한 시기의 다양한 국면을 벗어나, 다양한 문제점을 취급하면서 격변하는 상황과 관계되어 온 것이다. 여기에 말하고자 하는 것은 그러한 여러 가지 에피소드의 배경이나 사정, 야망을 설명하고자 하는 것이다.

1970년대

1970년대, 〈대탈출〉 등 "미국"에 관한 작품은 이른바 비져너리(Visionary, 공상을 풍부하게 묘사했던)의 시대인 60년대의 소산이었다. 1972년 아키그램(Archigram)은 그 절정기에 있었다. 아키즘이나 슈퍼 스튜디오와 같은 그룹도 당시는 건축 이야기를 꿈꾸고 있었다. 그것은 건축에 대한 상상의 영역을 크게 확대하는 것이었다. 그 당시 건축은 서적, 드로잉, 이야기 정도로도 좋았다. 그리고 때로는 실제로 지어지기도 했다. 그때는 소산(所産) 속에 깔려있는 경향으로서의 역사성, 걱정 없는 낙관성, 극단적이기까지 한 천진난만함 따위가 있었다.

〈대 탈출 내지는 건축의 자발적인 죄인〉이라고 제목을 붙인 작품은 이러한 천진난만함에 대한 반발이었다. 그것은 건축의 힘은 애매하지만 위험하기도 하다는 것을 강조하려고 한 계획안이었다. 〈대탈출〉에서는, "베를린 장벽을 건축으로서" 고찰한 결과를 받아 들여, 런던의 중심을 없애고 거기에 메트로폴리스에 극히 적격인 생활을 수립하고자 했던 것이었다. 이것은 프랑스의 시인 보들레르(Baudelaire)에게서 자극 받은 것이다. 중심지역을 낡은 시가(市街)로부터 벽으로 나눔으로써 분할과 대조를 최대한으로 낳고자 했던 것이었다. 런던의 사람들은 선택이 가능했다. 이 지역을 초강도의 도시로 만들기를 바란 사람이 "건축의 자발적인 죄인"이 되었던 것이다. 이 분할과 대조라는 2개의 기본 개념은 맨하탄의 연구에 있어서도 중요했다. 이 시기의 지표가 되는 계획안으로서 〈사로잡힌 지구의 도시〉가 있다.

이 계획안에서 도시는 이데올로기 경쟁의 장소이며 그 때문에 아레나(arena)가 되고 있다. 여기에서는 조화나 구성이라는 개념들 모든 것이 이미 과거의 것으로 보여 지고 있다. 이 도시에서는 각 부분이 서로 다르면

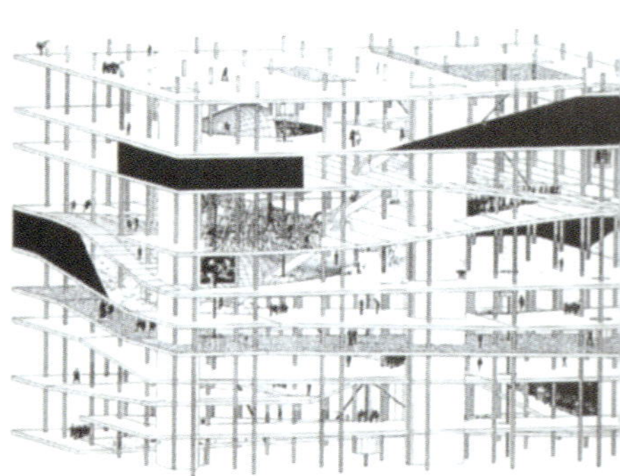

1

2

서도 전체라는 것이 확실히 실제 존재하고 있다. 저서 『정신 착란증(delirious)의 뉴욕』의 연구를 통해 말할 수 있는 것은, 미국에 관한 작품도 유럽의 근대주의에 흐르는 유토피아 지향적 관점에 대한 도전이라는 것이다. 1920년대, 1930년대의 미국 건축의 발견은 또 하나의 근대성의 발견인 것이다.

유럽에서는 1920년대~1930년대의 역사는 영웅적인 역사이지만 시기 상조였던 꿈의 역사이기도 하다. 이것과는 반대로 미국의 20세기의 역사에서는 1920년대-30년대라는 시대는 지능적 건축가가 배출된 합리적 혁명의 시대이다. 그것은 좌절과 실패의 일람표는 아닌 것이다. 그 시대는 작렬하는 듯한 성취와 위업으로 가득 차 있다. 그 하나 하나는 실현되었음에도 불구하고, 모든 것이 유럽의 꿈을 닮아 급진적이고 상상이 풍부해 공상적이다.

1980년대

70년대 말 OMA는 유럽으로 귀환했다. 그 무렵에는 1960년대의 몽상주의라 말할 수 있는 것은 자취를 감추어 버려 완전히 반대의 상황이 되어 버렸다. 건축이 역사를 재발견했던 것이다. 유럽에서는 이 재발견이 하나의 경향이 되어 크리에(Krier) 형제나 그 외의 지식인들과 설계자 등에 의한 "유럽 도시의 재발견"이라는 동향이 생겼다. 그들은 유럽의 역사적인 중심지에 마음 속 깊이 심취되어 있었다. 그들은 2, 3백년 이전의 도시건설, 건축 계획에 적용된 요소가 오늘날에도 그대로 유효하다라고 믿고 있던 것 같았다. 이러한 그들의 행동은 현대 세계의 결정적 국면의 다수, 예를 들면 규모나 수량의 문제, 테크놀로지, 요구나 필요의 처리 등 모두를 부정하고 무시하여 결국에는 그것들을 억압할 정도로 위협적이 되었다. 이러한 일이 모두 "재발견되었다." 그것은 역사의 이상에 완전히 맞지 않았기 때문이었다. 그러나 정말로 그들이 말하는 역사는 "재발견되었다"라기 보다는 "위조되었다"라고 해야 할 정도였던 것이다. 이렇게 해서 거기에는 "부정"이라고 하는 물을 가득 채운 거대한 저수지가 출현했다. 그것은 그 주변에서 배출구를 찾으려고 했다.

4

5

6

비쟌티움

혹은 이 새로운 도그마(dogmas)에 동조할 수 있도록 애처롭게 가면이 씌여 졌다. 그리고 진실된 역사와 날조된 역사간에 거대한 혼동을 낳기에 이르렀다. 이러한 관점에서 볼 때, 〈네델란드 국회 증축 계획〉(1978년), 〈로테르담 품부스 집합주택 계획〉(1981년), 〈헤이그 시청사 계획〉(1986년), 베를린의 〈Koch-Friedrcihstrasse 집합주택 계획〉(1982년) 등의 계획안은 모두 도전적인 것이었다. 이것들은 미국, 유럽의 어떤 근대주의의 국면도 도시의 역사적 중심과 공존 가능하다는 사실을 보여준 것이다. 더욱이 조화(調和)나 전체적 통일이라는 한 때의 허세를 포기한 도시설계는 역사적 도시가 새로운 특징을 획득하기까지 성숙해 나가는데 입력이 될 수 있다. 이러한 계획안은 정서성(情緒性)의 임종의 고함을 알리는 것이었다.

도 시 계 획

1970년대를 통해서 도시의 역사적 중심지나 도시 내부조직의 중요성이 강조되어 전후(戰後)의 모든 업적에 대해 엄격한 비판이 가해진 결과, 도시계획이 갖는 올바르고 적극적 영향력은 쇠퇴해 마침내 소멸하기에 이르렀다. 그러나 도시계획이란 원래 상상 작용의 비판적 형태인 것이다. 그리고 예를 들어 어려움이 눈에 보인다 해도 도시가 절망 상태가 되지 않도록 무엇이 요구되고 있는가를 예측하여 그것을 조직하고자 준비하지 않으면 안 된다. 따라서, 이러한 공백 상태에 있어서는 도시계획을 재발견하는 것이 돌파구가 되는 것이다. 예를 들어, 〈라빌레트 공원계획〉(1982년), 〈세계 박람회 계획〉(1983년), 〈Melun Senart 계획〉(1987년)과 같은 계획안이 대표적인 예이다. 이러한 계획안에서는 단순한 건축 문화를 초월하는 문제가 얼마든지 발생하고 있었던 것이다.

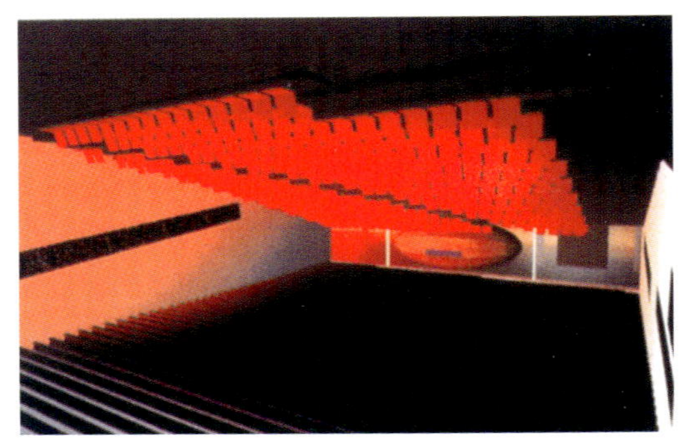

9

10

11

이러한 계획안은 보통 건축과는 달리 "하찮은 건축"으로 취급되고 있다. 즉, 보통 건축은 정의에 따라 각각의 질문에 대해 건설이라는 실체적 형태로 대답하고 있지만, 이러한 계획안에서 시도하고 있는 것은 새로운 문화의 상황, 즉 건축의 "자유"를 만들어 내는 조작 형태를, 더구나 프로그램이나 조직의 관점에서 보았을 때에도 타당한 것을 찾아내는 것이다. 이러한 일련의 작품 중에서 〈Melun Senart 계획〉에서는 도시는 보이드를 중심으로 하여 구성되고 있다. 즉, 포스트― 건축이라고 하는 근대성이 추궁 당하고 있는 것이다.

15

13

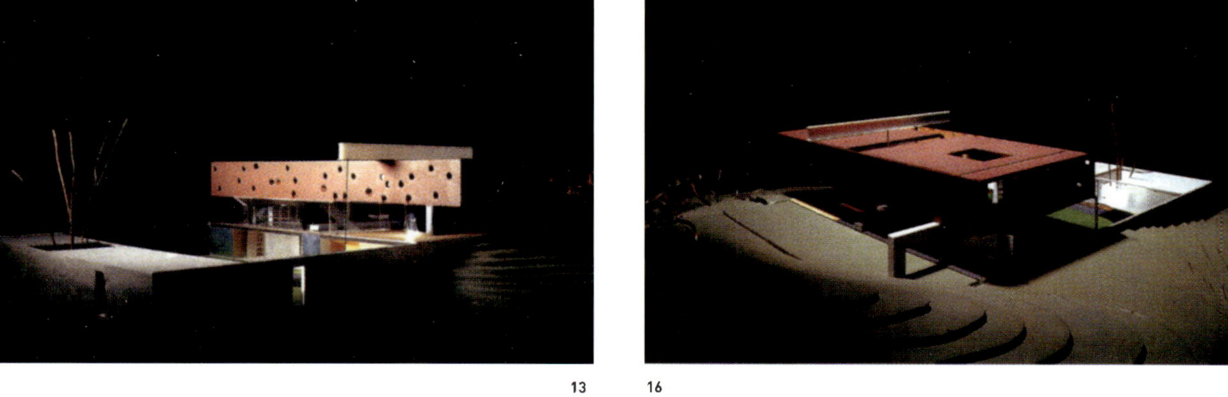

16

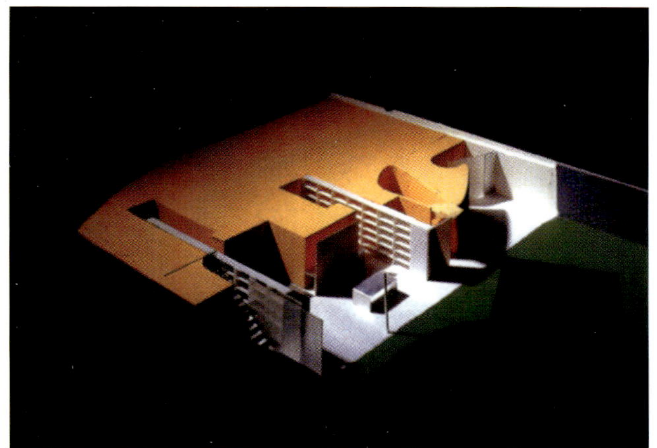

14

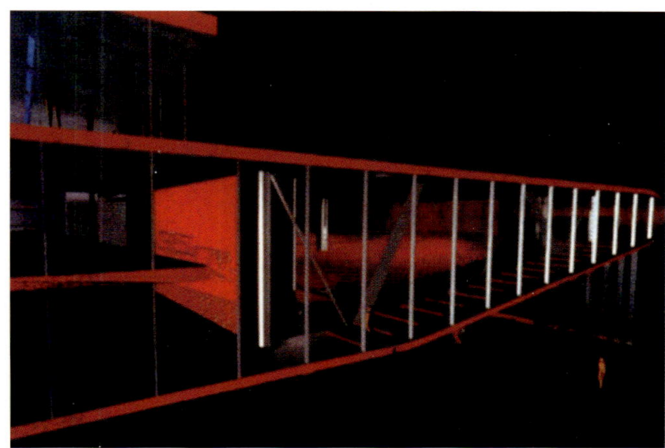

17

Byzantium

Amsterdam, The Netherlands, 1991, Rem Koolhaas

| 디자인 컨셉 |

이 건물은 Rem Koolhaas가 설계한 건물로서 잡지에 게재하지 않은 미 발표작이다. 암스테르담 중심가에 위치하고 있고, 주변에 강과 공원이 접해있어 주거지로서는 좋은 입지조건을 가지고 있다. 공원 측에 면한 매스는 저층의 집합주거를 형성하고 있고, 강 쪽의 대로변에 면한 부분은 고층의 오피스텔과 일부 집합주택으로 계획되었다. 오피스텔 매스의 1층 부분은 사선 캐노피로 디자인하여 가로에서 볼 때 강한 방향성을 제시하고 있고, 상층에 있는 돌출 된 원형 매스는 건축가가 네덜란드 국립극장에서 사용한 것과 같은 것으로서, 이 매스는 최상층 펜트하우스의 거실로 사용되며, 주변 대지에서 볼 때 강하게 인지되는 디자인 요소가 되고 있다.

| 프로그램 |

암스테르담 도심지에 위치한 이 건물은 주거와 오피스텔, 상가가 복합적으로 구성된 프로그램을 가지고 있다. 공원과 면한 곳은 집합주거를 형성하고 있고, 대로변에는 오피스텔과 1층 부분에는 상가로 구성되어 있다.

이 건물은 크게 두 곳의 출입구를 가지고 있다. 하나는 오피스텔로 진입하는 입구와 다른 하나는 집합주거로 진입하는 입구이다. 대로변에 위치한 오피스텔은 대로에서 바로 진입할 수 있도록 계획되어 있고 1층 부분의 상가는 각각 개별출입구를 가지고 있다. 한편 집합주거부분은 건물 측면에 공원과 면한 곳에 위치하고 있는데, 하나의 주거단지를 형성하면서 별도의 단지 내 입구를 통해 진입이 이루어진다.

이 복합건물은 형태적으로 프로그램에 따라 구분되고 있다. 오피스텔 부분은 격자의 틀 안에 유리면으로 마감되어 있고, 1층의 상가부분은 사선으로 돌출 된 캐노피가 매스를 형성하면서 독특한 형태를 취하고 있으며, 집합주거부분은 정형화된 사각형의 매스가 규칙적으로 배치되어 있다. 발코니 부분은 난간을 유리로 처리하여 건물을 상대적으로 가벼워 보이도록 처리하고 있다.

- **원형매스**: 대로변에 노출된 집합주거 매스의 최상층에 위치한 매스로서, 펜트하우스의 거실용도로 사용되는데, 주변에 시선을 한눈에 받으면서 주변 공간을 지배하는 듯한 인상을 준다.
- **캐노피**: 상가 매스에 사용된 사선의 캐노피는 상가와 오피스텔, 그리고 집합주거를 하나의 매스로 묶어주는 역할을 하면서, 노란색으로 마감하여 시각적으로 강하게 엮여있음을 표현하고 있다.

BANG & OLUFSEN
China Southern Airlines

TE HUUR REPRESENTATIEVE
KANTOORRUIMTE
Edison
Club Med
Club Med
Club Med

KNSM 아일랜드 하우징
KNSM Island Housing

이 집합주택은 KNSM 섬 재개발 전체 마스터플랜을 계획했던 Jo Coenen의 작품이다. 그는 마스터플랜에서의 기존 배치개념을 그대로 살려 섬을 가로지르는 중앙 가로를 중심으로 집합주택을 배치하였고, 가로가 끝나는 섬의 끝 부분에 자신이 설계한 이 집합주택을 배치하였다. 이 집합주택은 원통의 매스를 가지고 있고 가운데는 원형의 안뜰을 가지고 있다. 외부에 면한 입면은 발코니로 구성되었는데, 규칙적인 모듈로 구성된 것이 아니라, 구조체를 드러내면서 자유롭게 디자인되어있다. 또한 안뜰에 면한 입면은 복도를 구성하고 있는데, 철제 프레임으로 마감된 입면은 외부에서 느껴지는 구성적 이미지와 달리 단순하면서 규칙적인 모습을 보여준다. 또한 이곳의 5개의 코어는 매스를 분할하면서 조형적 재미를 공간에 부여한다. 3면이 바다에 접해 있는 곳이기 때문에 원형 매스는 각 세대에 좋은 전망을 제공하기 충분하고, 안뜰은 바다바람으로부터 차단된 공간을 형성하면서 조용하고 정적인 공간을 제공한다. 입구부분은 필로티로 띄워져 있고, 나머지는 모두 대지에 정착해 있다. RC조로 지어져 있는 이 건물은 바다에 면해 있기 때문에 바람 등의 자연환경을 극복하기 위해 바다에 면한 쪽은 구조를 노출시키면서 테라스를 구성하고 있고, 안뜰 쪽은 상대적으로 정적이기 때문에 철제 프레임 등 가벼운 재료로 복도부분을 마감하고 있다. 매스의 기단부분은 붉은 벽돌로 마감하여 안정감과 함께 주변 가로변 마감과 일치시켜 친근감을 주고 있고, 상부 매스는 백색 페인트로 마감하여 바다의 푸른색과 잘 조화되고 있다.

Jo Coenen의 건축사고방식

Jo Coenen/

"유럽의 현관"이라고 일컬어지는 암스테르담의 스키폴 공항. 네덜란드의 유럽에 있어서의 지리적인 중심성 및 지편성(至編性)을 단적으로 형용하는 이 표현은 문자 그대로 이 나라의 문화적 특성을 이야기하고 있다. 영국, 독일, 프랑스와 같은 유럽의 문화 선진국에 둘러싸인 네덜란드는 이러한 나라들로부터의 영향에는 매우 개방적이었다. 특히, 네덜란드 북부 및 서부 지방에서는 그 기후 풍토나 조달 가능한 재료에 의해 해외로부터 영향을 받은 이국적인 풍치의 건축 형태에 네덜란드적인 특징을 가미할 필요가 생겼을 정도였다. 네덜란드 건축은 대개 유럽의 다른 나라들과 보조를 맞추어 발전해 왔다고 할 수 있다.

19세기의 유럽은 어디를 가나 "네오(neo-)"를 접두어로서 삼은 양식이 다발 했던 시대였다. 네덜란드에서는 19세기말 무렵에 네오-고딕 양식이 융성했다. 이 시기는 새로운 건축 양식을 모색하는 그 다음 시대에 있어 큰 자극이 되었다. 그 결과는 20세기에 접어든 후의 〈암스테르담파〉나 혹은 〈디 스틸〉 그리고 〈De 8 en Opbouw〉 등의 인터내셔널 모더니즘의 대두로 명시되고 있다.

근대 네덜란드 건축이 P. 베를라헤, M. 드 클레르크, J.J.P. 오우드, J. 듀이커, G. 리트펠트, C. 에스테렌, W. 듀독, J. 몰리에르, J.B. 바케마로 이어져 그것을 계승하는 현대 건축계는 알도 반 아이크를 비롯해 헤르만

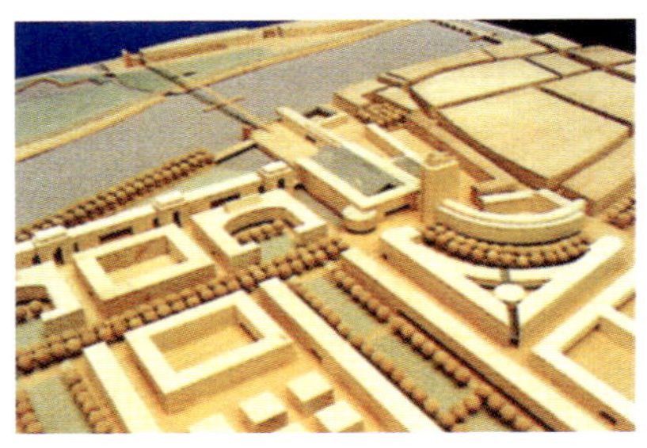

1

2

3

헤르쯔 베르하, G. 퀴스트, 렘 쿨하스 등이 주축이 되어 활약하고 있지만, 근년 신진 건축가로서 활동하고 있는 사람이 요 코넨이다.

코넨은 〈아인트호반 공과대학〉을 졸업하고 나서, 5년만에 자신의 사무소를 개설했다. 그는, 당시부터 단지 설계 활동뿐만 아니라, 많은 건축 대학의 강사를 맡거나 또는 매우 논쟁적인 논문을 발표해 왔다. 그는 그러한 논문 중에서, 보다 지역적인 기반을 가진 건축을 일관되게 주장해 왔다. 그는, 1920~1930년대의 인터내셔널 스타일의 도래는 건축 설계나 도시 디자인에 많은 위기를 가져온 것이 아닐까 하고 말한다. 의식적으로 과거와의 관계를 끊고, 재료의 솔직한 사용을 폐기했기 때문에, 인터내셔널 스타일은 과도하게 세계 공통적이 되었으며, 건축의 추상성이 비대화되어 버렸기 때문이다. 그가 "지역으로의 회귀"라고 말하는 것도 납득이 간다. 네덜란드에서는 1960년대 말 무렵부터 인터내셔널 스타일에 대한 향수병 적인 반응이 일어났지만, 코넨은 건축이나 도시의 디자인에 대해서는 아무런 개량점도 찾아낼 수 없다고 부정적이었다. 그것에 대신해서 그는, 인간이 매우 자연스럽게 이해하고 사용할 수 있으며, 또한 시간과 공간의 연속성이 표현되는 역사적, 문화적인 라인을 계승하는 건축을 제창했다. 그러나 그렇다고 해서 그가 과거로 회귀해서, 낡은 건축 스타일을 모방한 것은 아니다. 반대로 그는, 주변 환경의 문화 가치를 자세히 이해하고, 완벽한 수공예적인 지식에 의한 혁신적인 건축을 지향했던 것이다. 이것은 합리적인 이론이 아니라, 그가 직관적으로 개발한 기호(嗜好)인 것이다.

링부르그 주(州)의 헬렌에서 태어난 코넨은 이 지역의 전통적이고 수공예적인 특성이나 역사성을 반영한 모뉴멘탈 한 건축물이 북적거리는 환경에서 자랐다. 그 후, 그가 같은 경험을 찾아 수많은 해외의 익명적인 건축이나 저명한 건축가의 작품을 섭렵하였다. 그것은 후년, 강한 형태를 좋아하는 그의 모뉴멘탈한 조형 지향으로 표출되고 있다. 실제 그는, 휴일에는 〈롱샹 교회〉나 〈라 뚜레트 수도원〉 혹은 마르세이유의 〈유니테 다비타시온〉과 같은 르 꼬르뷔제의 작품에 줄곧 다녔다고 한다. 모두 도시나 주변 랜드스케이프 안에서, 스스로의 개성적인 존재를 웅변하듯이 말하고 있는 작품이다.

1979년에 스위스의 티치노 지방을 방문한 코넨은 마리오 보타나 루이지 스노찌와 만나고 그들이 자신에게 가까운 존재라는 것을 알고 접근해 간다. 특히 스노찌는 코넨에게 막대한 자극을 준 것 같다. 또한, 1984년의 〈알 메일의 레스토랑〉에서는 벽돌의 외벽에 다른 칼라의 벽돌에 의한 수평의 스트라이프를 디자인함으로써 마리오 보타의 작품과 지나치게 닮은 모습을 보이고 있다.

4

5

6

KNSM 아일랜드 하우징

코넨은 그 외에도 J. 스털링, O.M. 웅거스, A. 로시와 같은 현대의 저명한 건축가들의 작품을 연구하여 그들로부터의 자극을 흡수하고 있다. 〈KNSM 아일랜드 마스터플랜〉에서는 선형적인 축 선에 따라 전개되는 가구(街區)에서, 스털링을 방불케 하는 원형 광장이나 그것을 이분한 반원형 광장이 디자인되어 있으며, 〈델프트 시청사〉에서는 옥상에 스털링적인 원통형의 중앙 홀이 나타나고 있다. 또한, 〈스핑크스 세라믹 마스터플랜〉에서는, A. 로시에 의한 〈보네판텐 미술관 신관〉과 유사하게, 상업지구에 문화적 상대성을 부여하고 있다. 더욱이, 여기에서는 마리오 보타, 알바로 시자, 루이지 스노찌, 헤르만 헤르쯔 베르하, 아우렐리오 가르페티, 마르토렐＋포이가스＋맥케이와 같은 세계적인 건축가의 참가도 예정되어 있어, 이 도시계획에 있어서의 젊은 코넨의 수퍼바이저로서의 역할은 한층 더 중요성을 더하고 있다. 다음은 코넨과의 간단한 대담이다.

"근작인 〈네델란드 건축 협회〉는 3동의 건물 평면 계획이나 배치 계획뿐만 아니라, 구조적으로도 꽤 두드러져 보입니다만, 특히 구조에 집착하고 있습니까."

J.C: *"나는 엔지니어로서 건축을 배웠기 때문에, 설계에 즈음해서는 구조 디자인에 열중하는 경우가 있습니다. 그러나, 또한 생물학에도 자연스러운 흥미가 있습니다. 자연을 구성하고 있는 많은 질서와 같이 건축도 하나의 큰 질서가 아닐까 생각하고 있습니다. 결코, 건축이 오브제라고는 생각하지 않습니다."*

그에게 있어, 그것이 건축이든 도시계획이든, 이러한 질서를 확립하는 것이 궁극의 목적이다. 그가 가장 도전 정신을 발휘하는 것은 부지나 프로그램이라고 하는 여건에 가장 적합한 질서를 찾아내려고 하는 점이다. 그것은, 기능적인 목적을 충족시킬 뿐만 아니라 공간, 빛, 움직임, 전망, 환기와 같은 양질의 건축에 있어 중요한 요소인 구조와 시스템을 개발하는 것을 의미한다.

다른 부지에 대해서도 항상 의도하는 것은 인공의 구조물(규칙적인 것)과 지구의 표면(불규칙적인 것) 사이에 중간적인 매체물을 개발하는 것이다. 따라서, 부지의 특수한 조건에 대해서는 특별한 흥미를 나타낸다. 그는 지표 레벨 −1로부터 0에, 그리고＋1로, 건축을 지형학적인 특수 조건에 연결시키려 노력한다. 그 좋은 예가 〈링부르그 주립 대학 강당〉이다. 여기에서는 경사지의 특성을 살려 건물을 반 지하에 묻고 있다.

10

최근작인 〈네덜란드 건축 협회〉에서는 〈한스 오피스〉나 〈마스트리히트 상공회의소〉로 전개되어 온 그의 디자인 수법이 집대성되어 있다. 그 중에서 세 건물에 공통적 최대 특징은 모뉴멘탈 한 통로 시스템을 들 수 있다. 부지에 제대로 고정된 이러한 통로는 부지의 자연이나 건물의 용도에 의해, 개방 또는 폐쇄, 조심스러움 또는 당당함, 혹은 부지 고유의 스타일인가 아니면 완전히 자유로운 것인가하는 하나의 형식을 취한다.

물이라는 자연 위를 안도 타다오적인 RC의 벽면을 따라가는 르 꼬르뷔제적인 완만한 구배의 슬로프를 통해 수면의 중앙부에 세워진 사무동에 도달하는 〈한스 오피스〉. 그리고 역시 수면 위를 전면 도로로부터 스틸제의 텐션 브리지가 도서관동으로 연결된 〈네덜란드 건축 협회〉. 이 두 가지 건물 모두 모뉴멘탈하고 드라마틱 한 어프로치의 연출이다. 지금은 렘 쿨하스와 함께 21 세기의 네덜란드 건축계를 담당한다고 일컬어지는 요 코넨(Jo Coenen). 그의 행방은 알도 반 아이크로부터 발단하는 구조주의를 넘어 어떠한 지평에 도달할 것인가. 그의 프렌들리 모뉴멘탈리즘(Friendly Monumentalism)에의 기대는 높아질 뿐이다.

11

| 디자인 컨셉 |

이 집합주택은 KNSM 섬 재개발 전체 마스터플랜을 계획했던 Jo Coenen의 작품이다. 그는 마스터플랜에서의 기존 배치개념을 그대로 살려 섬을 가로지르는 중앙 가로를 중심으로 집합주택을 배치하였고, 가로가 끝나는 섬의 끝 부분에 자신이 설계한 이 집합주택을 배치하였다. 이 집합주택은 원통의 매스를 가지고 있고 가운데는 원형의 안뜰을 가지고 있다. 외부에 면한 입면은 발코니로 구성되었는데, 규칙적인 모듈로 구성된 것이 아니라, 구조체를 드러내면서 자유롭게 디자인되어있다. 또한 안뜰에 면한 입면은 복도를 구성하고 있는데, 철재 프레임으로 마감된 입면은 외부에서 느껴지는 구성적 이미지와 달리 단순하면서 규칙적인 모습을 보여준다. 또한 이곳의 5개의 코어는 매스를 분할하면서 조형적 재미를 공간에 부여한다. 3면이 바다에 접해있는 곳이기 때문에 원형 매스는 각 세대에 좋은 전망을 제공하기 충분하고, 안뜰은 바다바람으로부터 차단된 공간을 형성하면서 조용하고 정적인 공간을 제공한다.

| 프로그램 |

이 건물은 암스테르담 항만 재개발 계획 중 하나로서 지어진 집합주택이다. 하나의 섬 전체가 주택지로 개발되어 있는데, 이 건물은 그 중 섬의 가장 끝에 위치하고 있다. 3면이 바다에 접한 이 대지는 섬에서 가장 전망이 좋은 곳이다. 그러므로 이 건물은 전망을 고려하여 원통형의 매스를 취하고 있고, 복도부분은 안뜰 쪽으로 계획해서 바다에 면한 외부는 모두 발코니 공간으로 계획하였다.

섬의 가장 끝에 위치한 이 건물은 가로를 따라오다 보면 마주하게 된다. 가로의 끝에 위치한 필로티는 시선을 자연스럽게 유도하면서 건물의 입구 역할을 하고 있다. 이 곳을 통해 안뜰로 진입하면 원형 복도를 따라 5개의 코어 매스를 볼 수 있는데, 이곳을 통해 각각 진입이 이루어진다. 모든 가구는 이곳 안뜰의 코어를 통해 진입하고, 각층의 복도를 통해 동선이 분산된다. 한편 주차는 필로티 진입구 옆에 지하로 진입할 수 있는 동선이 따로 마련되어 있다.

이 건물은 원통형의 매스를 하고 있는 집합주택으로서, 입구부분만 필로티로 띄워져 있고 나머지는 모두 대지에 정착해 있다. RC조로 지어져 있는 이 건물은 바다에 면해 있기 때문에 바람 등의 자연환경을 극복하기 위해 바다에 면한 쪽은 구조를 노출시키면서 테라스를 구성하고 있고, 안뜰 쪽은 상대적으로 정적이기 때문에 철재 프레임 등 가벼운 재료로 복도부분을 마감하고 있다. 매스의 기단부분은 붉은 벽돌로 마감하여 안정감과 함께 주변 가로변 마감과 일치시켜 친근감을 주고 있고, 상부 매스는 백색 페인트로 마감하여 바다의 푸른색과 잘 조화되고 있다.

- **필로티**: 집합주택의 주 출입구로서 가로에서 강하게 시선을 집중시킨다.
- **안뜰**: 주변이 해안이라는 자연환경에서, 상대적으로 정적인 공간을 제공하면서, 원형의 작은 정원을 형성하고 있다.
- **계단실**: 안뜰에 있는 원형의 입면은 규칙적인 배열로 획일화되어 있지만 5개의 계단실 매스가 돌출 되어 있어 면을 분할하고 각 매스에 조형적 재미를 제공하고 있다.
- **테라스**: 일반적인 돌출테라스로 규칙적인 입면을 구성하고 있지 않고, 구조벽으로 자유롭게 분할된 형태를 취하고 있다. 구조체는 슬라브와 벽으로 분할되어 조합되어 있는데, 특히 입면 디자인이 면보다 선으로 인식된다.

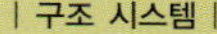

로테르담 구 항만 집합주택
Blaak. Old Harbour Development

이 집합주택은 네덜란드 로테르담의 오래된 항구 재개발 계획의 일부로 추진되었다. 건축가 Piet Blom은 구조주의 건축가 Aldo van Eyck의 영향을 받은 구조주의 건축가로서, 건물을 일정한 규모의 모듈로 구성하여 전체 형태를 구성하고 있다. 건물은 마치 숲을 연상시키는 형태를 하고 있는데, 사선의 입방체가 무리를 지어 기둥 위에 서있는 디자인이다. 이 건물은 특히 대로를 가로지르는 고가 육교 위에 주거 단지를 형성하고 있어, 도시에서의 복합적 의미의 주거로 받아들여지고 있다. 그리고 무리를 이루고 있는 매스의 중앙은 중정으로 비워두어 단지 내에 커뮤니티를 형성하도록 계획되었다. 내부 공간을 보면 하나의 입방체가 한 가구를 형성하고 있는데, 전체 3개 층 규모로 디자인되어 있으며, 모서리 공간을 잘 활용하고 있고 모두 맞춤가구로 짜여져 있다. 그리고 맨 위층은 천창을 두어 하늘을 조망할 수 있는 공간을 마련해 두었다.

Piet Blom의 건축사고방식

: 로테르담 계획 착상에서 실현까지 Note on the Rotterdam Project – Piet Blom

계 획 의 개 요

1977년 11월, 나는 아르다만 한스 멘팅크(Alderman Hans Mentink)에 의해 초대되어, 로테르담의 〈올드 하버(Old Harbour)〉부근에 세울 건물의 설계를 의뢰 받았다. 이 지역의 올드 하버(Old Harbour)와 그로에넨달(Groenendaal)에 대한 상세한 전체 계획은, 시가지 개발 국장인 얀 윌리암 베이다(Jan Willem Vader)에 의해 이미 완성되어 있었다. 그와의 밀접한 협력 하에, 시가지 개발국과 "파트리모니엄(Patrimonium)"이라는 주택 협회의 위탁으로 프로젝트는 설계했다. 이 계획에 대하여 도시의 개발 계획 담당 위원회와 정기적(매월 1회)으로 협의했다. 건축 넓이는 약 2.5 ha로, 올드 하버(Old Harbour) 부근에 주택가 예정되어 있었고 또한 반 덴 브로크(Van den Broek)와 바케마(Bakema)에 의한 새로운 도서관도 계획되고 있었다. 보행자용의 도로가 강에 가설되는 다리에 의해 시장 지역과 연결되어 있다. 이는 시(市)의 고속도로 위쪽으로 현수교인 〈블라크(Blaak)〉가 전체 계획에 포함되어 있었기 때문이다.

기능적 계획의 주요 조건은 다음과 같다. 하링프리에트(Haringvliet)와 그로에넨달(Groenendaal) 사이에, 상당히 고밀도인 5000 명을 수용하는 주택을 짓는다. 가능한 한 많은 주호에서 항구를 내려다 볼 수 있도록 주택을 배치한다. 전 지역에 주택이 밀집해(1ha당 205호) 세워지는 지역도 있으므로, 주차장 위에도 주택을 지을 필요가 있다. 고속도로인 〈블라크(Blaak)〉 위의 현수교 윗 부분 주택은, 상업 시설(점포나 레스토랑)과 일체화되어야만 한다. 매우 중요한 것은 역사적 요소이며, 예를 들면 〈화이트 하우스〉, 낡은 제방, 수목, 위렘스 브리지 등이다. 도시 안에 주택을 만들게 되면, 지금까지와는 다른 형태를 선택하지 않을 수 없다. 벨기에의 〈Louvain la Neuve 전원 도시〉의 전체 계획에서 제안된 것과 같은 건물의 구상이나, 리카르도 보필이 스페인에 만들어 낸 것, 또한 루시안 크롤(Lucien Kroll)의 작품과는 대조적인 것이 필요하다. 결국, 개발 계획 사이의 소통이 포인트인 것이다. 내가 작성한 건축 계획은 전체의 기능적 계획의 제 1 기에 해당한다. 또한, 강의 다리 부근은 우리의 역사적 정감이 깊은 장소이기도 하다. 이 지점에서, 로테 강(Rotte River, 로테르담의 이름의 유래가 된 강)이 매스 강(Mass River)으로 흘러 들어오고 있다.

 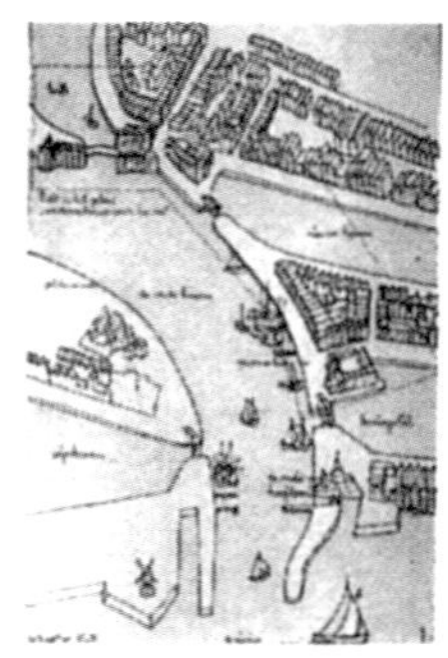 

1   2   3

매스 강은 로테르담 항을 형성하고 있는 큰 강이다. 게다가 여기는 45년 전, 네덜란드 역사상 최초의 폭격이 있었던 곳이기도 하다. 로테르담에는 옛날과 같은 컴팩트한 도시를 재건하고 싶어하는 강한 희망이 있어, 그 때에 이미 매우 밀도 높은 계획이 몇 개정도 실현되고 있었다. 옛 도시의 특징은 스케일의 격차가 있었다는 것이다. 즉, 거대한 공공건물이나 공공적인 스페이스 그리고 거기에 대비되는 사적인 주거공간의 스페이스가 그것이다. 〈화이트 하우스(White House)〉, 〈빌렘스브리지(Willemsbridge)〉, 〈새로운 도서관〉, 〈블라크(하이웨이)〉, 거기에 〈올드 하버(Old Harbour)〉는 웅대한 스케일을 자랑하고 있다. 따라서 〈블라크〉 위의 현수교는 거대한 공공적인 계획으로서 본질적으로 거대한 스케일로 되어야 할 것이다.

그것에 비해 스판스 카데(Spaanse Kade)에 면해 지어진 주택은 개성이나 특색이 두드러지지 않는 도시 속의 주거 공간이어야 할 것이다. 생활과 공공의 건물은 대조적인 성격을 가지고 있다. 1940년 이전 몇 세대에 걸쳐 무질서하게 성장해 온 도시를 또 다시 재현하려고 하는 것이 도대체 가능할까. 그러나, 로테르담의 사람들은 확실히 이 장소에 로테르담의 도시가 탄생했다는 사실에 어울리는 계획을 바라고 있는 것이다. 개발 계획을 가다듬으려면 대화가 필요하다. 예를 들면, 프로그램의 일부인 〈올드 하버〉의 서쪽의 조선소는 대부분이 선원인 부근 사람들과 서로 이야기한 다음에 결정한 것이다.

블라크 브리지 계획의 일시적인 좌절

주택 계획은 스판스 카데(스페인 부두)와 블라크 브리지의 프로젝트를 둘로 나누어, 1/500의 매우 상세한 방법으로 만든 모형을 1/2000의 축척으로 제작했다. 블라크 브리지가 복잡하기 때문에 이쪽으로부터 착수한 육교는 도시의 중심이 되는 사회성과 문화성이 있는 구조물이다. 결국 이것은 일시적으로 설계가 불가능하게 되었다. 그것은 정부가 예산 할당을 허가하지 않았기 때문이다. 나의 계획은 길이가 150m로, 6m 올라갔다 내려갔다 하도록 한 것으로, 어떠한 부가적인 기능이 없는 육교를 설계할 생각은 조금도 없었다. 그 때문에 다리는 그만두고, 대신에 편리한 지하도를 설계했다. 이것은 7차선의 〈블라크 하이웨이〉 아래로 쇼핑가 위에 다리로 걸칠 수 있다는 계획으로, 암스테르담에서 내가 옛날 설계한 것과 유사했다. 이것은 옛 〈올드 하버〉에 있어서의 로테(Rotte) 강과 같은 분위기이다. 시의 위원회는 이 계획을 받아들이지 않았다. 그 이유는 비용에 비해 그 만큼 가치가 있는 방법이 아니다라는 것이다. 여기에는, 우선 다리로서의 기능이 필요했고 또한 점포나 주택이 건축되지 않으면 안되었다. 길이 150m의 콘크리트 구조물로, 70dB의 교통 소음을 차단하는 구조이며, 내부는 베니스의 〈리알토 브리지(Rialto Bridge)〉 혹은 플로렌스의 〈폰테 베키오(Ponte Vecchio)〉와 같고, 외부는 폐쇄되어 있지 않으면 안되었다. 경사로가 있는 이 다리는 새로운 다리나 〈올드 하버〉의 후

5   6

로테르담 구 항만 집합주택

미와 함께 환경을 형성하는 요소이기 때문에, 소음을 차단하는 역할을 하면서 반복 테마로서 사용할 수 있는 것을 찾았다. 이 일이 곤란에 빠진 것은 이 지역의 대부분의 구조물이 정해진 패턴의 교차를 하고 있기 때문이다. 〈올드 하버〉에 면한 낡은 난간, 하이웨이, 30m 폭의 지하철 역, 시영 전차 등 모든 것은 비스듬하게 교차하거나 때론 120도의 각도로 교차하고 있다. 나의 헬몬드(Helmond)의 실험에서는 조금 큰 그리드가 정확히 맞다라는 것을 알았다. 주민들은 "나무" 속에서 산다. 내부의 선룸(Sun Room)은 주민의 식물을 위한 것으로 발코니는 없다. 가지는 다리의 기둥이다. 사적인 스페이스가 공적인 건축물을 구성하고 있다. 이만큼 매력적인 것은 없다.

〈블라크 포레스트(Blaakforest)〉가 그 속의 주민의 공간을 감싸듯이, 다리도 사회를 보호하는 구조물이 될 것이다. 산책길(promenade)을 교통 소음으로부터 차단하는 것은 무거운 다리의 데크와 유리벽의 측면이다. 어떤 주택에도 벽이 4면이 있으므로, 소음이 그만큼 심하지 않는 장소에서는 항상 창문을 열 수가 있다. 전체 계획에서는 444개의 면이 있는데 그 중에서 44개는 소음 때문에 창을 열 수 없다. 새로운 도서관과 〈올드 하버〉 사이의 다리에서 이것을 바라보면, 마치 고딕 사원을 보는 것 같다. 더 나아가 블라크(Blaak)와 그로에넨달(Groenendaal)로부터는 모든 것이 투명감을 갖고 있는 것처럼 보인다. 나는 이 플랜에 매력을 갖고 시의 위원회에 연락했다. 위원회는 설계는 받아들였지만 형태를 좀 더 점잖은 것으로 했으면 좋겠다고 했다. 나는 어떻게 하면 좋은가 고민했다. 〈스판스 가데의 프로젝트〉는 이미 상당한 주목을 끌고 있었으므로 이 계획의 좌절을 잊으려고 생각했다. 나는 〈스판스 가데의 프로젝트〉에 대해, "이것은 나에게 부과된 일이다. 〈블라크 브리지〉는 무(無)에서 태어난 것은 아니다."라고 생각하면서 열심히 작업을 계속해 왔던 것이다.

〈스판스 가데 계획〉에서는 모형이 전체 부지의 형상과 조화를 이루지 않으면 안되었기 때문에, 〈블라크 브리지〉의 모형도 완전히 거기에 맞도록 만들었다. 결국, 나는 별도의 방법을 찾아낼 수 있다고는 생각지 않았던 것이다. 모형은 그 전체적인 환경과 함께, 역사에 의해 구전되어 온 것을 분명히 하고 있다. 로테르담의 많은 사람들이 모형에서 제시한 것과 같은 환경에서 사는 것을 바라고 있는데, 그것은 이 계획을 보다 확실하게 보증하는 것이다. 2년 후에 최초의 기초 말뚝이 박혀 공사가 착수되었을 때, 한스 멘팅크(Hans Mentink)는 "반대는 있었지만, 마침내 해냈군요"라고 나에게 말을 걸었다.

스판스 가데 프로젝트(Spaanse Kade Project)

〈스판스 가데 프로젝트〉에서, 나는 주택을 겹쳐 쌓는 어려운 문제와 부딪혔다. 이것은 "도시의 지붕으로서의 주거"라고 하는 실험에서 시도된 것으로, 그 시점에서 나는 그 효과를 기대하고 있지 않았다. 건축가인 루시

안 크롤(Lucien Kroll)은 일반 시민의 자발적인 계획 참가는 필수적이며 그것이 없으면 나는 아무것도 할 수 없다는 것을 강조했다. 새로운 거리는 〈올드 하버〉에 도시의 완전한 확충 부분을 형성하지 않으면 안되었다. 즉, 여기에 5000명의 사람들이 살게 되는 것이다. 사회적인 주택정책의 최저 재정으로 할 수 있는 것으로는 완전히 다른 분위기를 만들어 내는 것이 과제였다. 시의회는 어떤 계층의 로테르담 시민도, 역사적으로 중요한 이 장소에서 살 수 있어야 한다고 규정하고 있다. 비세대용(非世帶用) 작은 집의 수요도 많고 일반 맨션 등의 형태를 취한 집합주택은 장래 반드시 충분한 수요가 전망되기 때문에, 양쪽 모두 아울러 갖추지 않으면 안 되었다.

또한, 큰 맨션 등의 형태를 취한 주호도 시민을 위해서는 필요하다. 따라서 다음과 같은 개요가 만들어졌다. 10%의 1실 아파트, 10%의 2실 아파트(확장 가능하게 설계, 배치되는 것), 5%의 노인용 2실 아파트, 10%의 3실 아파트, 10%의 3실 아파트(메조네트식 아파트에서 개조 가능한 것), 15%의 4실 아파트(저소득자용), 10%의 4실 아파트(일반용), 10%의 4실 아파트(고액 소득자용), 10%의 5실 아파트, 10%의 청년 노동자 및 학생을 대상으로 한 최고 12명을 수용하는 거주 그룹용 아파트 등의 형태를 취한 집합주택. 총계 270호의 맨션 등의 형태를 취한 집합주택, 총계 1100㎡의 레스토랑과 바, 점포, 약 300대를 수용하는 주차장 및 차고를 병설하는 것 등이 그것이다. 〈스판스 가데〉에서, 건물은 서향으로 배치되고 있다. 따라서, 건물의 볼륨을 동쪽과 북쪽으로 높게 하면, 충분한 일조를 얻을 수 있고 절반 이상의 맨션에서 항구나 브리지를 바라볼 수 있다. 오후부터 저녁에 걸친 제방으로의 일조는 옥외의 테라스에 이상적으로 되며, 산책길과 이 테라스가 서로 어울려 도시 전체적인 환경을 보다 생생하게 만들어 주고 있다. 16세기에 지어진 〈메인 게이트(Main Gate)〉는 원래의 상태로 복원되지 않으면 안 되었다. 또한, 건물의 일부가 강가에 세워져 있지만 이것은 19세기말까지 여기서 보이는 역사적인 풍경에 연관된 것이다. 마찬가지로 역사적인 〈화이트 하우스(White House)〉에 관해서는 2번째의 타워를 〈스판스 가데〉의 휘어진 부분에 세워 해결하고 있다. 이 때는, 1년 반 후에 〈화이트 하우스〉를 그리워하여 부지의 다른 구석에 3번째의 타워를 만들려고는 생각하지 않았지만, 이러한 3개의 타워는 극히 조형적인 구성으로 배치되고 있기 때문에 (배의 돛대가 빽빽이 들어서 있는) 〈올드 하버〉가 널찍한 것으로 느껴진다. 〈블라크 브리지〉와 최초의 타워 사이의 부두는 보행자 전용 구역이며 막다른 골목이기 때문에, 안성맞춤의 테라스가 만들어지고 있다. 거주 부분은 충분한 변화를 이루며 극히 인공적으로 쌓아올릴 수 있었던 매스에 자연적인 요소를 부여하기 때문에, 〈스판스 가데〉 부두의 만곡 부분에 있는 타워는 매우 강력한 존재로 자드키네(Zadkine)에 의한 모뉴먼트와 같다.

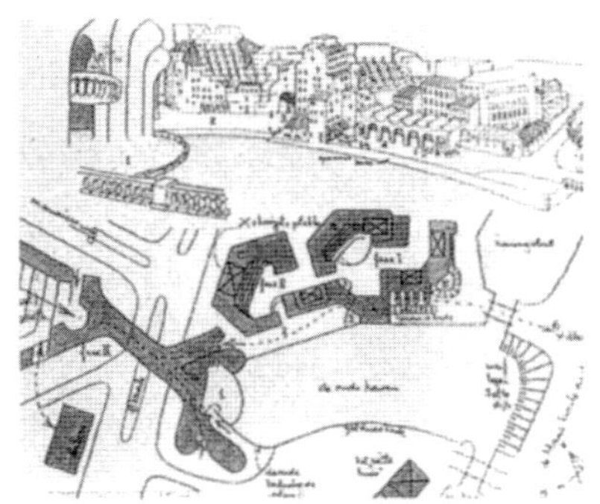

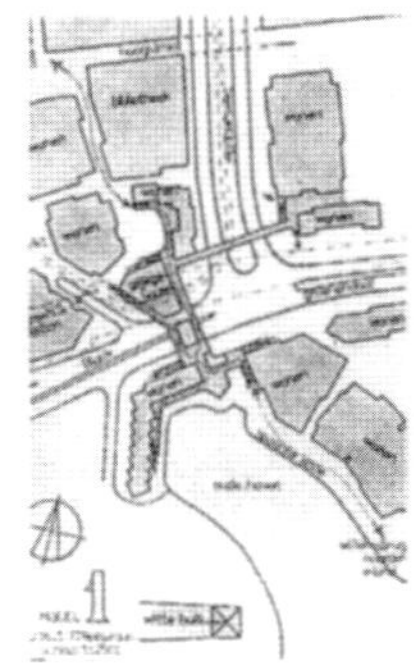

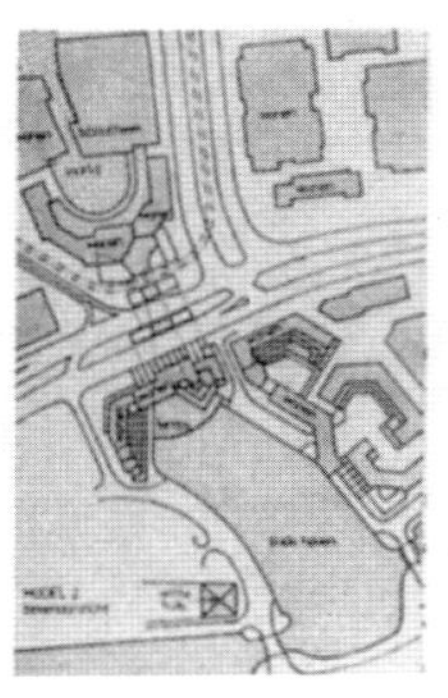

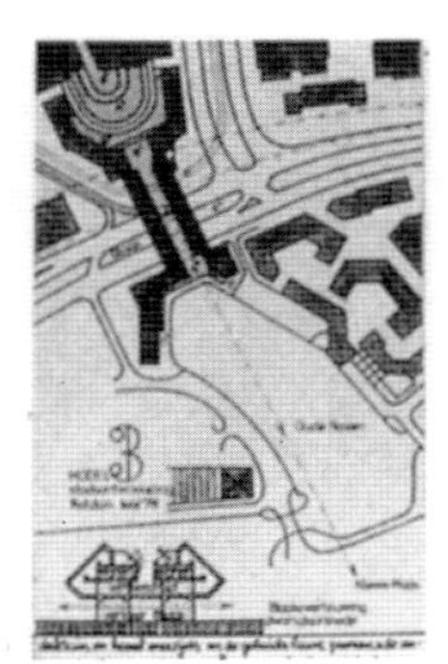

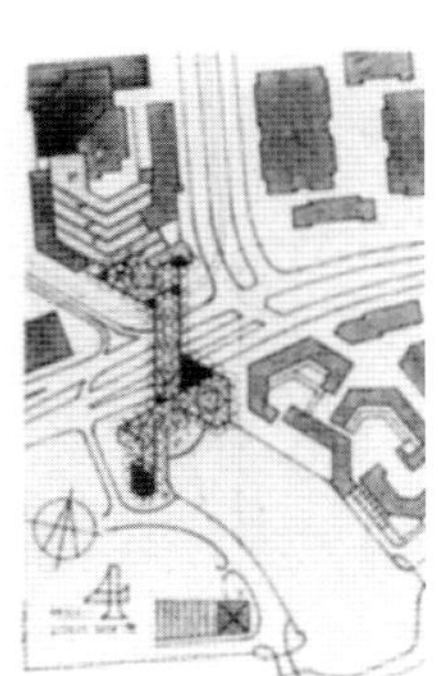

10   11   12   13   14

로테르담 구 항만 집합주택

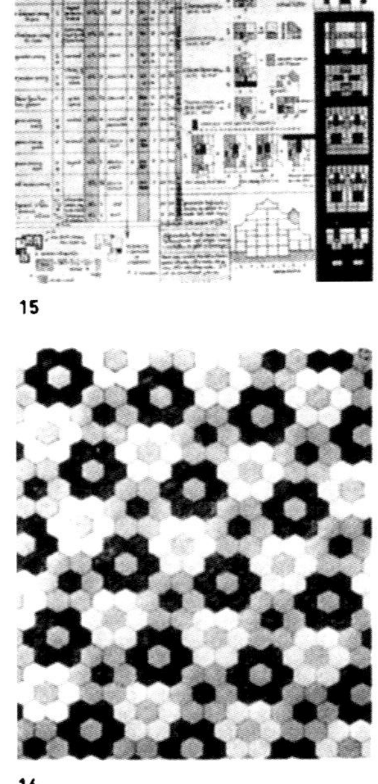

15

16

다른 4개의 건축군도 이와 같이 강력하게 표현되고 있지만, 계획의 완성은 아주 늦었다. 건물의 동적인 형태는 할 수 있는 한 거주 밀도를 높이는 것과 일조 조건에서 생기는 모순을 해결하고 있다. 12층 건물의 엘리베이터 대수를 줄이기 위해서, A동과 B동 사이에는 2동을 이은 갤러리가 만들어지며 이 갤러리는 중정 위에 높은 게이트를 구성하고 있다. 주차장은 부두의 레벨과는 다른 층에 배치되고 있다. 주차장의 지붕은 통로 등으로 이용할 수 있지만, 커다란 몇 개의 원형 개구부는 주차장과 지붕을 일체화시킨다. 계획은 5개 부분으로 나누어져 있지만 각각 완전히 다른 도시적인 국면을 취급하고 있다. 그것들은 따로 따로 설계되어 부분적인 모형을 사용해 검토되었다. 설계 작업은 상호간의 영향을 줄이도록 이루어졌다. 즉, AI 동(타워), 다음에 A2동(하링그브리지의 모퉁이), 그리고 B동, C동의 순서로 이루어졌다. 각각의 설계 기간동안 계획은 시의회에서 심의되었다(종종, 부분 모형의 슬라이드가 이용되었다). 〈블라크 브리지 프로젝트〉가 좌절된 이래, 그 후 나의 계획은 모두 승인되었다.

건 설 에 서 의 시 련

1978년 7월에 전체적인 건물 계획을 완료하여, 책자로 정리한 후, 시의회와 주요 관계자에게 제출하였다. 거기에는 상세한 보고가 이루어지지 않았다. 모든 아파트 유형, 기본 시설, 주차 시설 및 브리지의 구조는 극히 가능한 방법으로 해결되고 있었다. 따라서, 견적액의 조달 부족이 예상되어, 로테르담시는 정부와 협의해야 했다. 1978년 가을에, 로테르담 시와 정부사이에 합의가 이루어졌다. 그것에 따르면, 〈스판스 가데 프로젝트〉는 사회적인 주택정책으로서 정부에 의해 예산이 잡혔지만, 〈블라크 브리지〉는 민간자본에 의해 자금을 조달한다는 조건이 붙여졌다. 이러한 동의가 있은 직후에, 저명한 H · B · G가 〈블라크 브리지〉의 출자자로 선택되었다. 도서관의 부지는 〈블라크 브리지〉의 쪽으로 옮겨졌다. 따라서 나의 계획은 시가지 개발국 및 건축가 부트(Boot)와 협의하여 새로운 상황에 맞도록 변경되었다. 이 변경에 의해, 〈트리 하우스〉가 극히 보통 집합주택을 대신하였다. 브리지도 또한 〈스판스 가데〉로부터 마켓으로 방향이 변했다. 〈트리 하우스〉는 겔데스 다데(Gelderse

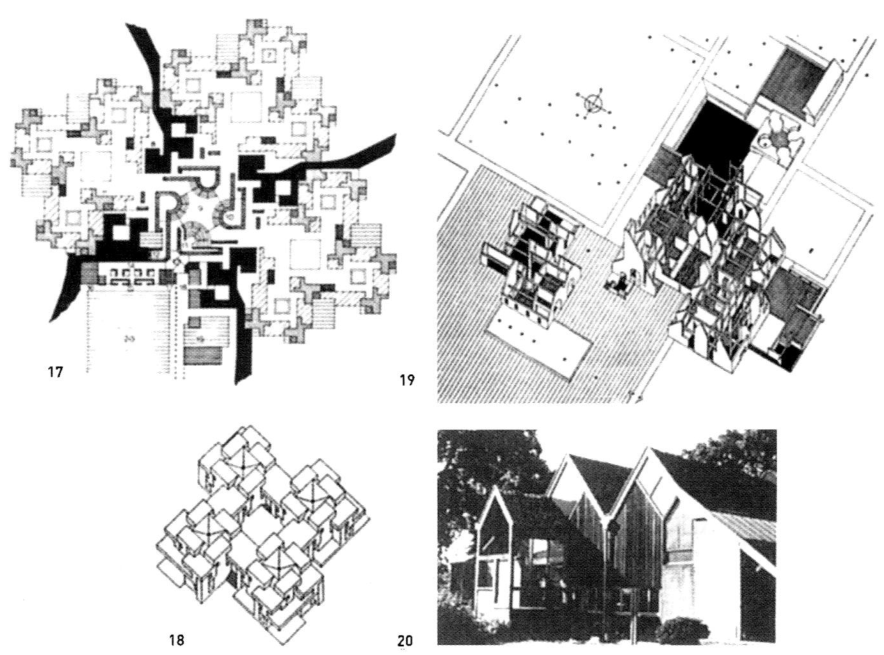

17

18

19

20

Kade)의 지구에서는 당초 모든 계획이 2층의 보통 공동 주택으로 구성되었다. 이것은 오히려 복잡한 기반으로 남겨졌다. 이 계획에서는 브리지 위의 〈트리 하우스〉의 호수(戶數)는 최소화 되었던 것이다. 마찬가지로 다수 개구부의 반복은 3개의 큰 오픈 스페이스를 대신 할 수 있어, 그것과 동시에 전체적인 〈트리 하우스〉의 수도 큰 폭으로 줄일 수 있었던 것이다. 1979년 여름까지 기본적인 변경의 최종적인 설계가 끝났다.

1979년의 나머지 반은, 〈스판스 가데 프로젝트〉에 소요 되었다. 그 사이에 〈블라크 브리지〉의 계획은 아드리 반 오르트(Adrie Van Oort)에 의해 구체적으로 이루어 졌다. 막대한 양의 일이, 출자자인 H·B·G, 시공 업자인 볼커(Volker)와 인타밤(Intervam), 그리고 시 당국의 여러 분야와의 밀접한 협력에 의해 완수할 수 있었다. 1980년 2월, 작업은 완전히 끝났다. 시 당국 및 관련 기관도 건축 허가를 승인했다. 3월 21일에는 아르다만 멘팅크에 의해 최초의 기초 말뚝을 박고 공사를 시작할 수 있었다. 그런데, 1980년 초봄, 경제가 침체되어 민간자본 주택의 수요가 완전하게 쇠약해져 갔다. 그로 인해 건축가 톤 알베르트(Ton Albert)에 의한 인근의 〈킵호프(Kiphof) 프로젝트〉, 나의 〈블라크 브리지〉와 장대하고 유기적인 육교로 연결될 예정이었 지만 중지되어 버렸다. 아르다만 멘팅크에 의해 최초의 기초말뚝이 박히고 공사가 착수되기 수주일 전에 이 미 출자자인 H·B·G는 협력을 중단해 버렸다. 우리는 모든 도면과 인가된 건축 허가를 헛되게 하지 않으 면 안 되었다. H·B·G는 로테르담시 당국과 관련 기관의 노여움을 사서, 고액의 배상금을 지불했다(역설적 이게도 이 배상금이 없었다면 〈블라크 브리지 프로젝트〉는 결코 완성될 수 없었을 것이다).

최 종 계 획 에 서   실 현 을   향 해

계획은 당시 6개월간 중단되었는데, 우리들은 그 사이에 〈스판스 가데 프로젝트〉를 완성할 수 있었다. 그 무 렵, 알더만 멘팅크(Alderman Mentink)는 일정한 조건 하에서 개발을 하려는 안톤 피베(Anton Fibbe)를 찾 아냈다. 〈올드 하버 건설 공동체〉가 안톤 피베에 의해 창립되었지만 피베가 심한 병에 걸려서 피터 스톡 브레 다(Peter Stok Breda)에게 인계되었다. 나는 1980년 8월에, 블라크 브리지의 프로젝트 작업을 재개했다.
피베가 위탁한 작업은 극히 한정된 것으로, 실시 계획, 기본 도면 및 현장 감리 등 어떠한 작업도 우리에게는 주어지지 않았다. 나는 그 때 아주 힘들었고 내가 만든 모든 도면을 파기시켰다. 그런데, 한편에서 계획은 보 다 복잡하게 완성되어 갔다…. 〈블라크 브리지〉의 계획은 극히 중요시되게 되었고, 나는 요청에 따라 모든 집 중력과 시간을 쏟지 않으면 안되었다. 나에게는 불리했던 상황과는 별도로, 계획은 순조롭게 전개되어 갔다. 재정상의 궁핍은 더욱 근본적인 변경을 요구 했다. 겔다스 가데(Gelderse Kade)에 따른 〈트리 하우스〉는 당연히 공동 주택으로 되었고, 도서관 가까운 곳에는 〈블라크 타워 프로젝트〉가 세워졌다. 이것은 경제적인 방책이었다. 2가지 계획은 〈블라크 브리지〉와 연결된다. 4번째의 일련의 건축은 〈올드 하버〉 근처에 세워지

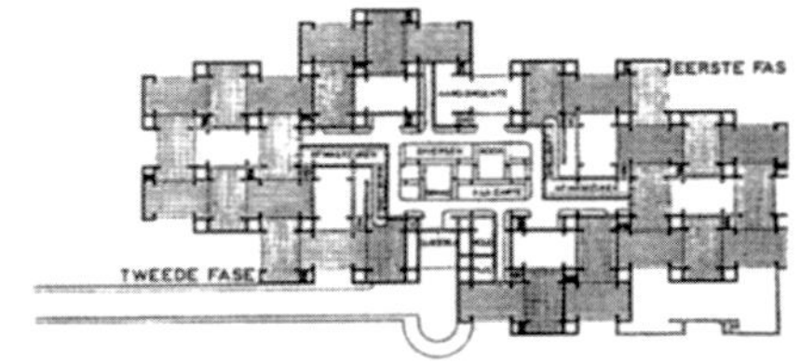

21

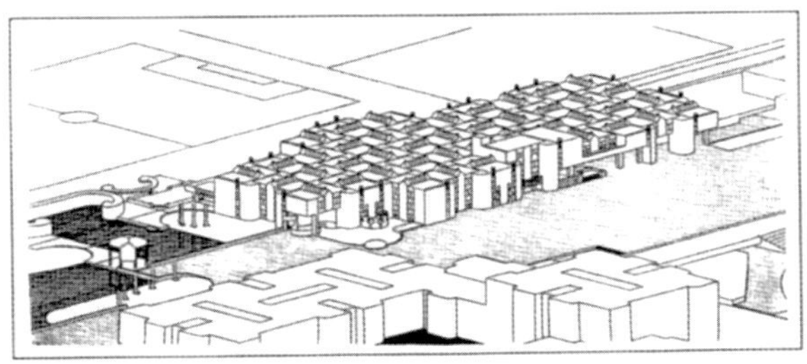

22

23

로테르담 구 항만 집합주택

고 있다. 이것은 피에트 블롬(Piet Blom)의 1980년대의 건축이다. 그것은 〈블라크 포레스트(Blaak-Forest)〉의 건축군(群)으로, 여기에서는 〈블라크 브리지〉 위에만 지어지고 있다. 그러나, 여기에서는 같은 것을 계속 반복함으로써 성공하였으며, 지하철 역 위로 가로지르는 35m 스판의 브리지에 단 하나의 큰 오픈 스페이스가 있을 뿐이다. 나는, 여기에 중요한 개선이 이루어졌다고 생각하고 있다. 즉, 큐브(cube)의 수는 줄어들지 않고, 56개 중 18개가 건축 아카데미를 대신할 수 있지만, 부지 전체를 차지하고 있는 모습은 실제 주택의 보울트(vault)를 형성하고 있다. 집합주택 수와 상업용 공간은 상당히 증가했다. 38개의 〈트리 하우스(Tree House)〉는 아파트식이지만 고층 아파트의 128호 정도의 아파트에 해당하며 상업 공간은 8000㎡가 되었다. 나는 주로 도면으로만 계획을 진행하고 있기 때문에, 기본 도면은 나 자신이 직접 그렸다. 설계 위탁이 없었기 때문에, 나는 1980년 7월까지 작업을 유보하고 있었지만, 그 때 이미 나는 기본 도면의 87%를 마무리하고 있었다. 몇 개월 간 나는 일절 보수를 받지 않았고, 엔크 스트롱크스(Henk Stronks)가 경영하는 그로닝겐의 아카데미 미네르바를 의한 B · D · G와의 설계 작업도 중단하고 있었다.

이 프로젝트의 나머지 기본 도면은 출자자 자신의 사무소인 베타 오메가(Beta Omega)에 의해 완성되었다. 이 시기에 개발 계획에 참가하고 있던 밴 이스테렌(Van Easteren)의 변재는 이루어지지 않았다. 1982년 새해가 되고 나서, Ⅰ · B · C 베스트에 의해 출자가 이루어져, 1982년 3월 1일, 아르다만 한스 멘딩크(Alderman Has Mentink)는 〈블라크 브리지〉의 시공에 실제로 착수했다. 그 2개월 후에 그로닝겐의 아카데미 미네르바의 공사도 시작할 수 있었고, 더욱이 2개월 후에 한스 멘딩크는 〈스판스 가데 프로젝트〉도 착수하였다. 3개의 극히 복잡한 대규모 계획이 동시에 착공되었고, 이 3개의 계획에서 보통 현장 감리에서는 불가능한 1200만 길더(Guilder)의 공사비가 절약되었다.

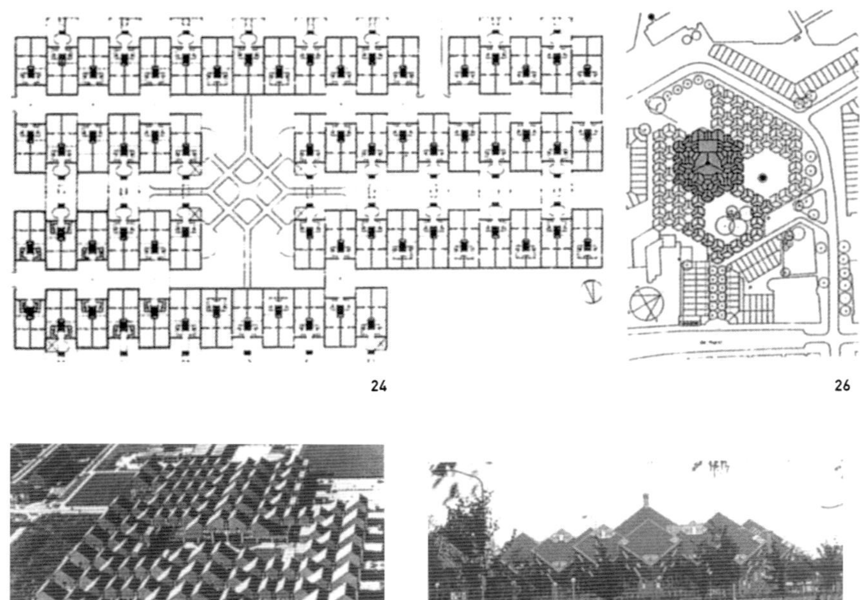

24

25

26

27

28

29

〈블라크 브리지〉는 극히 미묘한 계획이어서 많은 우려를 낳았지만, 현장 감리 및 미네르바와 스판스 가데의 실시 도면 제작에서는 엔시데 등의 B·D·G가 많이 협력해 주었다고 생각한다. 〈스판스 가데 프로젝트〉의 시공업자인 윌마(Wilma)는 어려운 난공사를 맡았다. 만약 〈블라크 브리지〉가 실현되지 않았다면 로테르담시는 〈스판스 가데 프로젝트〉를 극히 낮은 예산으로 개발할 수밖에 없었을 것이다. 우리들 모두, 즉 시장, 당국의 관계자, 드래프트 맨, 출자자 그리고 모든 시공에 관여한 사람들에게 있어, 이 계획은 너무도 난해한 것이었다고 말할 수 있다. 완전히 소모적인 것이었다. 그리고, 이 계획에 관해서 나와 공동으로 일을 한 모든 사람들은 결국 그 후 오랫동안 일을 위임받을 수 없었다. 그렇지만, 시민의 폭넓은 관심과 칭찬을 받았기 때문에, 우리 모두는 매우 기뻐했다. 1980년대의 감각으로, 〈올드 하버〉 주변의 작업을 본 사람은, 이것이 결코 불가능한 것은 아니라고 생각할 것이다.

그러나, 이 계획은 확실히 어리석게도 이 점, 즉 이러한 기준(1/2의 보수, 1/2분의 공정으로)으로도 처음 실현 가능한 것으로 여겨졌다. 모든 종류의 아파트는 다행스럽게도 즉시 입주되었다. 우리는 매우 걱정했지만, 큐브(트리 하우스)는 즉시 분양되었다. 이는 낮은 가격(125,000길더)이, 극히 매력적이었기 때문일 것이다. 이러한 요구에 응해, 우리는 이 〈트리 하우스〉를 세 번 건설해야 했다. 〈스판스 가데〉에 면한 상업지구는 모두 영업을 시작했다. 날씨가 좋은 날, 테라스는 극히 혼잡했다. 〈블라크 브리지〉에 건축 아카데미가 완성되었던 것은 확실히 우리의 일에 행운이었다고 생각된다. 사실 만일 건축 아카데미가 단기간 내에 끝나지 않았다면, 우리들 일은 절반밖에 없었을 것이다. 우리들 누구나 이 방법으로는 더 이상 일을 잘 할 수 없을 것이라는 점을 잘 알고 있다. 정부당국, 시장, 건축가 및 시공업자간의 관계가 정상적이어야지만, 모두에게 최고의 상황이 되는 것이다. 우리들의 일에 대한 예산은 극히 낮게 책정되었기 때문에, 효율적으로 기간을 설정하고 일을 진행하는 것이 가장 중요한 것이었다

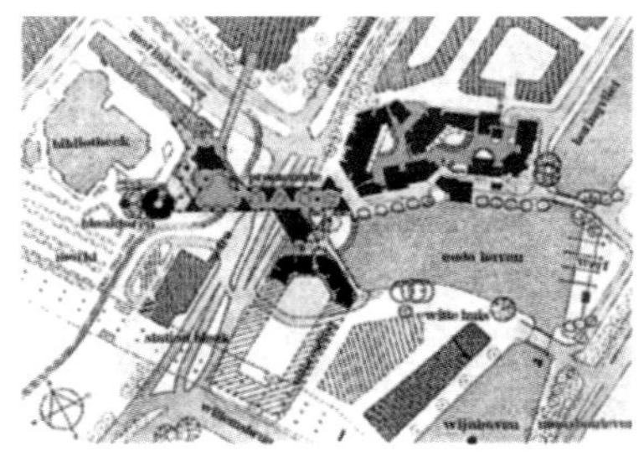

Blaak. Old Harbour Development

Blaak Spaansekad, Rotterdam, The Nedtherland, Piet Blom

작품설명

| 디자인 컨셉 |

이 집합주택은 네덜란드 로테르담의 오래된 항구 재개발 계획의 일부로 추진되었다. 건축가 Piet Blom은 구조주의 건축가로서, 건물을 일정한 규모의 모듈로 구성하여 전체 형태를 구성하고 있다. 건물은 마치 숲을 연상시키는 형태를 하고 있는데, 사선의 입방체가 무리를 지어 기둥 위에 서있는 디자인이다. 이 건물은 특히 대로를 가로지르는 고가 육교 위에 주거 단지를 형성하고 있어, 도시에서의 복합적 의미의 주거로 받아들여지고 있다. 그리고 무리를 이루고 있는 매스의 중앙은 중정으로 비워두어 단지 내에 커뮤니티를 형성하도록 계획되었다.

내부 공간을 보면 하나의 입방체가 한 가구를 형성하고 있는데, 전체 3개층 규모로 디자인되어 있고, 모서리 공간을 잘 활용하고 있으며 모두 맞춤가구로 짜여져 있다. 그리고 맨 위층은 천창을 두어 하늘을 조망할 수 있는 공간을 마련해 두었다.

| 프로그램 |

이 건물은 로테르담의 옛 항구를 재개발하는 곳에 계획되었다. 주변의 대로 위에 인공대지를 만들어 자연스럽게 육교를 함께 형성하고 있다. 입방체의 단위세대가 가운데 중정을 형성하면서 주변을 감싸고 있고, 이러한 무리들이 곳곳에 형성되고 있다. 각 단위세대는 중정에서 개별적인 출입구를 가지고 있고, 1층은 상가로 구성되어 있고, 입방체의 상부는 3개층으로된 주거매스를 이루고 있다.

| 동선순환체계 |

대로를 가로지르고 있는 인공대지 위에 세워진 이 집합주택은 도시민을 위한 육교역할을 하면서 자연스럽게 도시 구조에 융합되고 있다. 중정을 이루고 있는 곳에 각 세대의 개별 출입구를 통해 주거시설로 들어간다. 주출입구의 계단을 통해 바로한 개층을 올라가면 거실과 주방 공간으로 형성된 2층을 접하게 된다. 그리고 3층에는 침실과 서재로 꾸며져 있고, 4층에는 천창이 있는 휴게 공간으로 꾸며져 있다. 전층의 수직동선은 건물 가운데 있는 나선계단을 통해 이루어지고 있다.

| 구조 시스템 |

형태적으로 상당히 특이한 구조를 하고 있다. 저층부는 마치 나무 숲에 있는 나무 기둥처럼 매스가 형성되어 있고, 그 위에 숲을 이루는 입방체의 매스가 서로 엮여 하나의 덩어리를 형성하고 있다. 저층부는 조적조로 구성되어 있고 상부는 목재로 마감되어 있는데, 특히 노란색의 마감은 이 지역에 랜드마크로서 강한 이미지를 전달하고 있다.

| 주요 디테일 |

– 인공대지: 대로 위에 놓여 있는 인공대지는 이 집합주택의 대지이면서 도로를 가로지르는 육교의 역할도 하고 있다.

– 중정: 숲을 이루고 있는 매스들 가운데 중정을 형성하고 있어, 매스들로 막힌공간에 하늘을 볼 수 있는 곳을 제공한다.

– 전망층: 단위 세대 최상층을 이루고 있는 이곳은 상부가 천창으로 구성되어 있어 로테르담 시내를 조망할 수 있도록 디자인된 다락방이다.

– 서재: 모서리 공간에 위치한 서재는 책상이 맞춤가로 짜여 있고, 앞에 창이 있어 도시를 조망할 수 있다.

INDIASE
Spec. & Tandoori
Restaurant
TAJ MAHAL

입면도

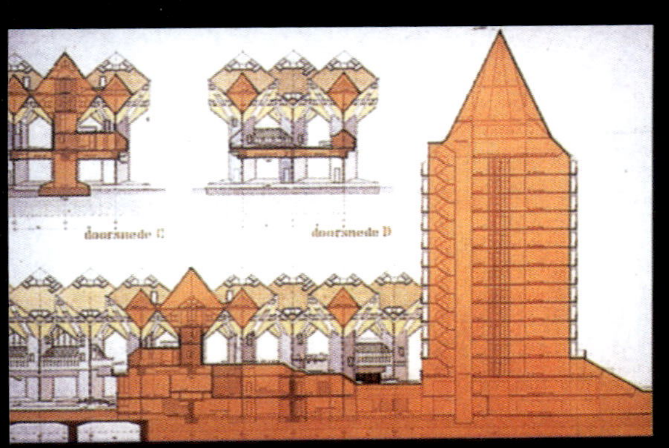

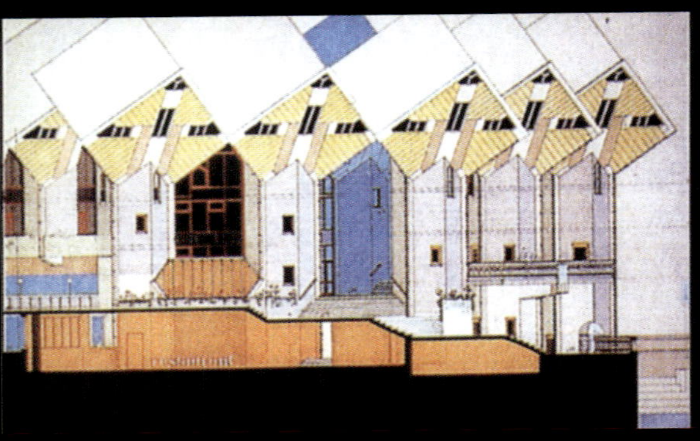

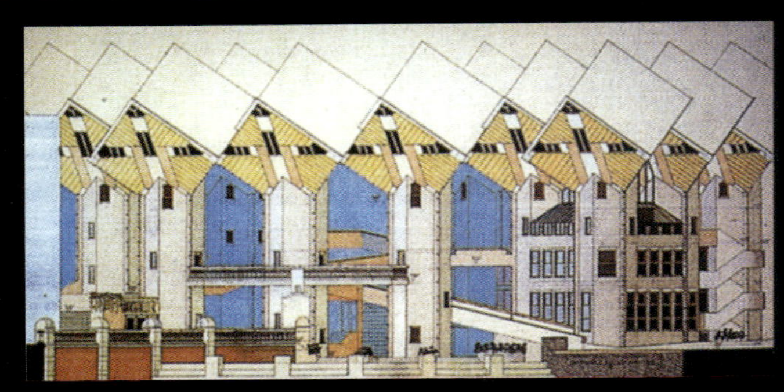

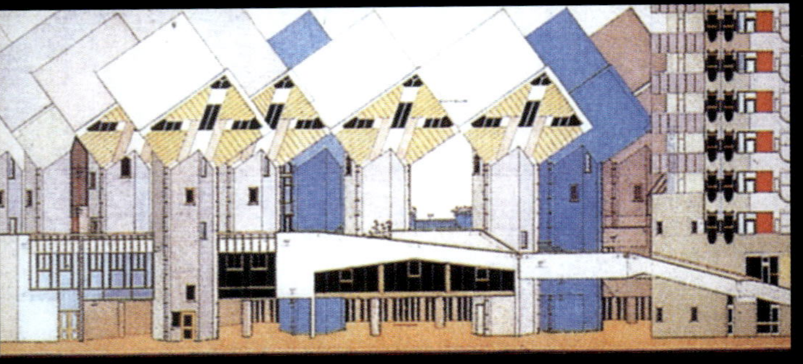

평면도

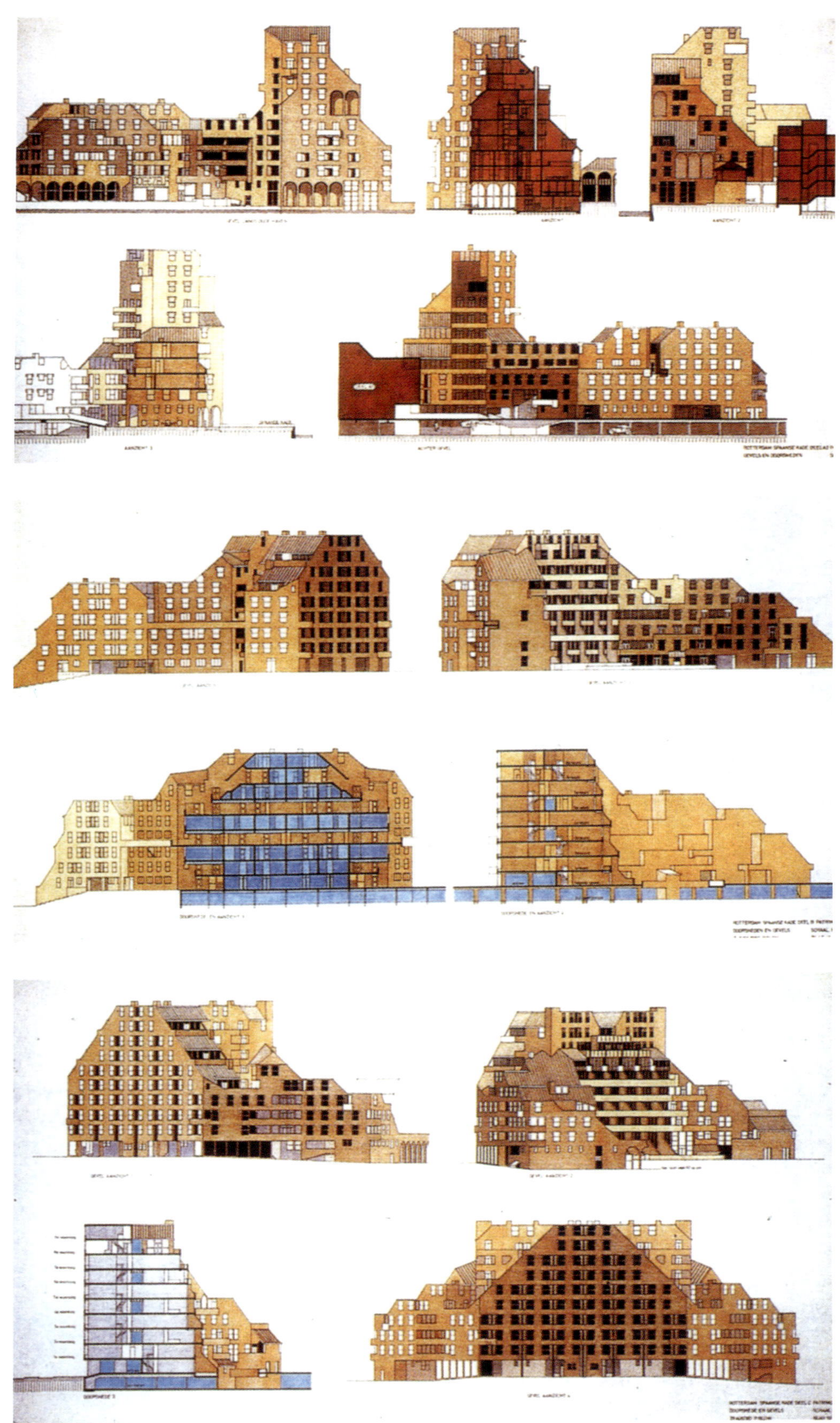

입면도 / 단면도

Wozoco 아파트
Wozoco's Apartments for Elderly People

1950~60년대에 만들어진 암스테르담의 서부 전원도시는 이 시의 매우 중요한 특징인 개방된 녹지공간을 조여 오는 고밀도의 건축군의 증대에 직면해 있다. 그러한 계획의 일부로서 만들어진 최후의 프로젝트가 이 집합주택이다. 전면도로인 북측에서 건물로 진입해서 서측 단부 필로티 부분에 설치된 공동 출입구를 지나면 바로 전면에 엘리베이터와 주계단의 코어가 설치되어 있다. 복도는 편복도형으로 주 계단을 통해 각층 복도로 진입하고 그곳에서 각 주호로 연결된다.

이 집합주택은 55세 이상의 노년층을 대상으로 한 것이지만 몇몇은 젊은 사람들에게도 개방하고 있다. 처음 프로그램상 계획된 100호는 도시계획가인 반 에스텔렌(Van Eesteren)이 제정한 법규(AUP regulation) 상으로 87호만이 건설 가능했다. MVRDV는 100호를 채우기 위해 남-북축의 대지에 7.2m모듈을 사용해야했다. 나머지 주호는 7.2m 모듈을 제외한 대지 안으로 일련의 거대한 주호 매스를 돌출시킴으로써 모자란 13호를 마련할 수 있었던 것이다. 이를 위해 구조적으로는 켄틸레버에 의해 지상의 오픈 스페이스를 감소시키지 않고 13호의 스페이스를 성공적으로 확보할 수 있었다.

이 집합주택은 놀라울 정도로 길게 돌출 된 켄틸레버가 가장 큰 특징이다. 길이 약 85m, 폭 약 13.3m의 세장 한 평면을 하고 있는 편복도의 이 건물에 북측 복도 외측으로 11.3m 정도의 켄틸레버로 돌출 된 주호 유니트를 설치해 놓은 것은 구조적으로도 큰 실험이었다. 이러한 경우는 이전의 프로젝트인 〈더블 하우스〉에서와 같이 내부공간에 인근 주택의 거실의 매스가 켄틸레버로 튀어나와 있는 것과 유사하다. 북측 외벽에 돌출된 5개의 켄틸레버는, 2층 주호 유니트가 4개 그리고 1층의 유니트가 하나이다. 목재로 마감된 외벽에는 각 양각색의 칼라 아크릴 판이 설치된 작은 발코니가 튀어나와 있다. 지상으로부터 위로 올려다 볼 경우 11.3m의 켄틸레버 박스는 가히 경이적인 박력감을 보여주고 있다. 북측의 편복도와 켄틸레버 매스들에 반해 남측에 배치된 주호군(群)은 북측의 외벽과는 달리 외벽에 목재판으로 마감했고 여기로부터 다양한 색채의 발코니가 다수 돌출되어 특이한 구조체계를 보여준다.

MVRDV의 디자인사고방식:
데이터스케이프(datascapes)와 랜드스케이프(landscape)

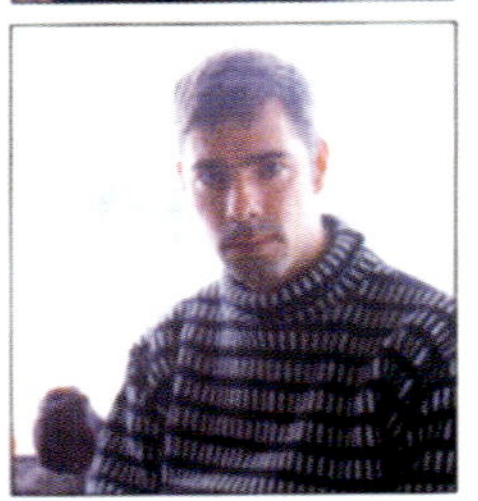

MVRDV.
위에서부터 Winy Maas, Jacob van Rijs, Nathalie de Vries

낙관적인 실험의 장-네덜란드

mvrdv가 활동하고 있는 네덜란드는 특수한 상황이다. 엄청난 인구밀도, 건강한 경제, 그리고 엄청난 주택의 수요가 비교적 저 비용의 대형건물의 건설로 이어졌다. 이러한 양적 팽창 속에서 절대적으로 흥미로운 프로젝트가 나타날 기회가 보다 많았다. 게다가 건축 전반에 투자할 가치가 있다는 것을 사람들이 깨닫기 시작했으며, 젊은 건축가들은 이런 분위기 속에서 급부상했다. "그들에게 기회를 주고 어떤 것을 내놓는지 보자"는 것이었다. 네덜란드에서는 자신을 증명하기도 전에 무언가를 할 수 있는데, 이것은 자신을 실험하는데 분명 도움이 된다.

네덜란드는 발전에 대한 욕구가 있다. 발전의 의미를 정확하게 알지는 못하지만, 그것은 실험과 논쟁을 위한 혁신과 새로운 개념을 위한 공간을 제공했다. 그것은 매우 낙관적인 문화이며, 네덜란드의 오늘이 있게 된 이유이다. 발전에 대한 새로움에 대한 두려움이 없는 것이다.

고밀도의 사회-THE CONTINUOUS INTERIOR

세계의 여느 도시와 마찬가지로 네덜란드 도시들 역시 고밀도의 집합체가 되어가고 있다.

계속적으로 디자인된 건물들 사이에서 공공공간은 더욱 줄어들고, 건물들은 다른 건물에 아주 근접하여 자리잡게 된다. 공공 공간은 그것의 순수와 자유를 잃은 체 건조환경 내부의 한 부분이 되었다.

이러한 개인과 공공의 혼성은 오늘날 우리의 행동 속에 나타난다. 사랑의 고백은 TV에 방영되고, 집 없는 사람은 도로에서 살고 있다. 공공 공간은 더 이상 존재하기를 멈추었다. 세계는 내부의 연속으로, 정보의 바다-녹아서 움직이는 플라즈마(plazma)-로 나타나고 있다.

1

2

3

4

INTERIOR CITY:

이제, 도시는 기하학이나 구성, 또는 평면과 형태의 범주 안에서 단독적으로 기록되거나 만들어지지 않는다. 이 육중한 플라즈마(plazma-INTERIOR CITY)에 대하여 토론하고 이해하기 위해서, 그리고 그 넓은 관련범주에 접근하기 위해서, 건축가는 다른 세계-사회적 관찰력, 통계, 심리학, 유기적인 분석과 그 이상의 것-로부터 기술들을 빌릴 필요가 있다.

제약(constraints)과 데이터스케이프(datascapes)

1989년은 공산세계가 갑작스럽게 붕괴된 해이다. 또한 mvrdv가 의기를 투합해 최초의 모험을 시작한 해이기도 하다. 1989년 이후부터 세계상황은 경제발전과 기술의 항변적 영향력, 특히 가동성과 미디어에 의해 좌우되었다. 그것은 국가 간의 경계를 희미하게 만들고, 수많은 장소의 혼잡을 가중시켰으며, 사회를 무수한 하부 문화와 개인으로 파편화시키는 결과-혼잡-를 낳았다. 울리히 벡(Ulrich BecK)은 말하기를,

> "서양은 자체의 사회 및 정치시스템의 근본적 전제에 도전하는 질문들을 직면하게 되었다. 오늘날 우리가 마주하게된 핵심적 질문은 서양을 특징지었던 자본주의와 민주주의의 역사적 공생이 그 물리적, 문화적 사회적 기초를 고갈하지 않으면서, 세계적 차원에서 일반화 될 수 있는가 하는 것이었다. -반사적 근대화 단계-이 단계의 근대화 과정 속에서 완전히 새로운 사회, 즉 많은 면에서 개인에게 보다 커다란 역할을 제공하고 또 개인이 부분이면서 그로 인해 나타난 결과 -환경-를 갖는 새로운 이미지의 개인이 형성될 사회를 이룩할 기회를 보았다."

울리히 벡이 말하는 새로운 형태의 사회는 하부정치 사회로서, 아래로부터 상부로 사회가 형상화된다. 하부정치에서 힘의 도구는 혼잡이다. 이와 같은 거대한 혼잡 속에서 건축은 도시주의와 마찬가지가 된다. 한 때 세계화가 점차 동일한 건설환경을 가져올 것이라는 생각도 있었다. 그러나 최근에는 더욱 많은 건축가들이 완전히 반대의 주장을 펴고 있다. 알렉산드로 자에라(Alejandro Zaera)의 경우 차이성과 지역성, 특수성에 대한 인식을 가중시킴으로써, 세계화가 다양성과 이질성의 고조를 가져올 것이라고 다음과 같이 주장하고 있다.

> "우리는 지역의 취향이 합성된 인위적 지역화, 인위적으로 개발한 자연을 목격하고 있다."

mvrdv 역시 동일화로 집약되고 있는 상황의 개념을 확신할 수 없었다. 대신 그들은 발전의 명백한 혼란 속에서 '중력의 장', 궁극적으로 전 지역이 자기만의 독특한 특성을 갖게 될 것이라는 것을 확인시켜주는 감추어진 논리를 식별할 수 있다고 믿었다. 그들은 다음과 같이 말한다.

> "이러한 중력은 특별히 최대로 가정된 상황 아래에서 혹은 특별히 최대화된 제약 내에서 승화될 때, 모습을 드러낸다."

Wozoco 아파트

mvrdv가 이러한 새로운 정치적, 경제적 상황의 결과를 최대한 활용하기 위해 가장 먼저 행한 작업의 상당 부분은 연구였다. 그 연구란 건축자체의 속성에 관한 역사적, 형태적, 의미론적 연구가 아니었다. 정 반대로 그들은 형태에 우선적인 관심을 갖지 않고, 실제 작업 상황에 맞추어진, 주로 역사와 무관한 통계학적 연구에 관심을 가졌다. 오늘날 mvrdv의 작품이 신선하게 느껴지는 이유는 정확히 말해서 정교한 이론적 정당성이나, 모호한 프랑스 문화의 인용 때문이 아니다. 그들의 작품은 경제, 건설 및 구역코드, 소비행태, 협력기구, 작업습관, 시간과 공간 운영 같은 현대 건축의 복잡한 현실에 대한 면밀한 점검으로서 표현되었다. 재화와 신체의 개념들이 더욱 복잡한 패턴으로 순환하는 새로운 유럽의 현실에 초점을 맞추고 있는 것이다. 그들의 작업방식은 광대한 연구를 행하고, 거대한 양의 데이터를 조합한 다음, 문제의 해결을 위해 이성적이고 객관적으로 계획하는 것이다. 불분명한 직관, 예술적 표현, 은유적 주장은 존재하지 않는다. 창의성은 새로운 형태의 발명으로서가 아니라 기존 제약의 재편으로 표현된다. 새로운 방법으로 문제를 표현–datascapes–함으로써, 예상하지 못했던 해결책이 나타난다. 형태는 그것이 암호화하는 정보와의 관계 속에서 설명된다. 사물과 정보를 조립하는 스위치와 회로, 중계장치로서의 건축인 것이다. 모든 것이 설명되고, 아무것도 발명되지 않으며, 아무것도 임의적이지 않다. mvrdv의 작품의 주제는 제약시스템 바로 그것이다. 그들에게는 감추어진 원인에 대한 탐구가 우선한다. 제약이 설명되고, 해결책이 제안된다. 그들은 외부에서 부과된 규칙과 내부에서 주어진 규칙 모두를 활용해 작업한다. 건축 특유의 것을 잃지 않으면서도 건축을 다른 담론에 개방하는 것이고, 원근법이나 추론적 결과보다는 정보의 공간적, 재료상의 효과에 더욱 관심을 두는 것이다. 정보가 형태적 결과를 갖기는 하지만 목표는 아니다

건축가들이 제약을 작업의 장애물, 즉 부정적 요소로 규정하지만, mvrdv는 이것을 기회로, 또는 원동력으로 포용한다. 그들은 세상이 건축의 원칙보다 더욱 빨리 움직인다는 것을 인식하면서 작업한다. 새로운 패턴의 대지계획, 새롭게 운영되는 구조, 새로은 방식의 건축 비지니스의 재편은 모두 건축가의 대응력이나 이론화 능력보다 더

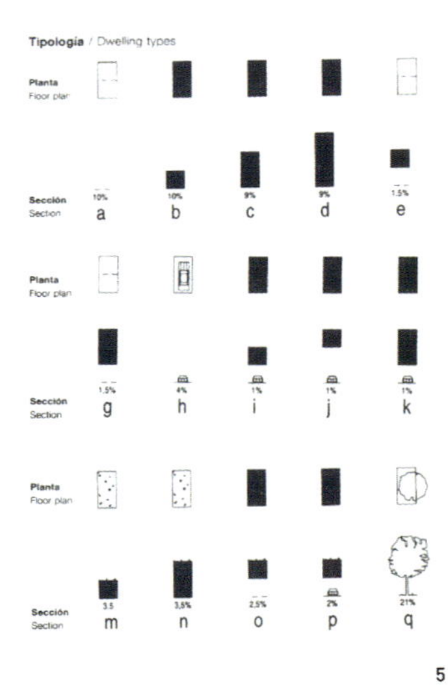

5

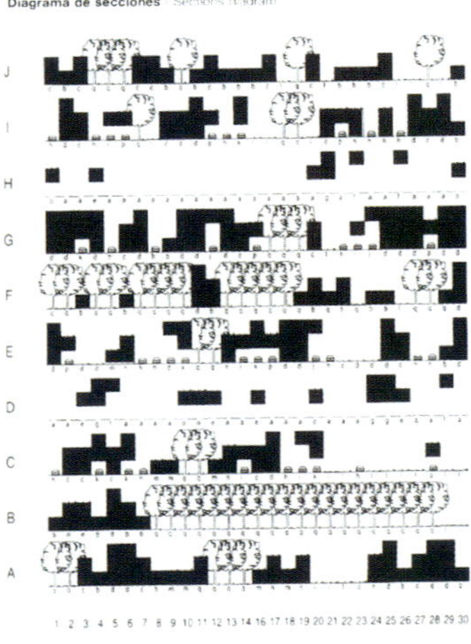

6

7

8

9

욱 빠르게 나타난다. 이것이 바로 그들이 건축원리에만 더 이상 머무르지 않는 이유이다. 복잡한 제약의 형태에서 표현된 것처럼 데이타와 정보는 mvrdv로 하여금 이렇게 변하는 매스의 복합성을 활용하게 하는 수단이다. 그들은 이러한 상황들을 표현하기 보다 잠재력을 활용하는 데 관심을 둔다. 작업은 빠르게 움직이는 현실과 활용 가능한 건축적 해결책의 목록사이를 미끄러지면서 발전된다. 그들의 형태적 언어 요소 자체가 놀랍지 않은 것도 바로 이 때문이다. 낯선 것은 그것들의 결합이다. 그들은 이미 잘 알려진 형태들을 예상 할 수 없는 결합으로, 괴상한 자리매김 혹은 분명 부적절한 규모로 활용한다. 고집스런 논리가 산뜻하면서도 예상치 못한 해결책을 가져오는 것이다.

사실상 전체 건설환경은 그 같은 힘-제약-의 지배를 받는다. 하지만 일반적으로 몇 가지 세력이 동시에 작용해서 어느 것도 두드러지게 지배적이지 않기 때문에, 각 세력별 영향력을 감지하기는 쉽지 않다. 바로 이 때문에 mvrdv는 '데이터스케이프'의 개념을 사용한다. 데이터스케이프는 건축가의 작품에 영향을 미치거나 이를 조정 혹은 규정 할 수 있는 모든 세력에 대한 시각적 표현이다. 이러한 세력은 계획 및 건설규정, 기술적 제약, 태양이나 바람 같은 자연환경일 수도 있다. 하지만 최소 작업 조건 같은 법규나 의뢰 기간 내 외부의 이익 집단의 정치적 압력일 수도 있다. 각각의 데이터스케이프는 이러한 요인의 하나 혹은 그 이상을 다루면서, 효과의 극대화를 나타내 줌으로써 그들의 영향력을 나타낸다. 데이터스케이프의 매력은 많은 경우에 있어서 그들이 실제로 건축 프로젝트와 유사하게 보이는 계획을 창출한다는 점이다. 즉, 데이터스케이프는 제약을 근거로 만들어지고, 건축은 데이터스케이프를 근거로 형성된다. 그런데 묘한 현상은 건축 속에 제약이 드러난다는 것, 다시 말하면, 예술적 직관과 연결되는 부분이 드러난다는 것이다. mvrdv는 데이터스케이프를 현대건축에서 일종의 테크닉 혹은 카오스 이론을 발전시키는 도구로 여긴다. 그들은 데이터스케이프를 사용함으로써, 기존의 혼란 개념의 신비로운 도피처로부터 도피하려한다. 그러므로 그들의 작품은 사회에 의해, 규칙에 의해, 건설 법규에 의해, 정해진 제약에 대해서, 어

10

11

Wozoco 아파트

떤 말을 하고 있는 것이다. 예술적 직관은 테크닉의 활용에 있어 사람들이 사물을 보는 방식에 존재한다. 그 것은 이러한 제약을 나타낸다는 면에서 일종의 거울이기도 하다. 이러한 제약을 나타내는 것은 매우 어렵 다. 제약은 감추어져 있고, 다른 변수에 의해 가려져 있기 때문이다. 하지만 사물을 압력 조리 기구로 비유 되는 극한 논리(extreme logic)로 치닫게 함으로써 이러한 제약이 나타나며, 이에 대해 토론하고 담론을 형 성할 수 있게된다.

대 표 적   작 품 에 서   나 타 나 는   특 성

WoZoCo 노인 주거

암스테르담의 Osdorp에 있는 WoZoCo 건물은 1950년대에 Cornelis Van Eesterren이 구상한 도시 설계 계획에서 이미 제안된 공간적 테두리 안에서 실현되었다. 건물의 기본적인 유형 역시 이 계획과 맥을 같이 한다. 하지만 mvrdv는 이러한 윤곽 안에서는 설계 프로그램이 요구했던 100호의 아파트 중 불과 87세대밖 에 실현시킬 수 없는 문제에 부딪혔다. 그들은 이 문제를 나머지 주거를 건물에서 매단다는 개념을 사용함으 로서 해결했다. 대지 위에 떠있는 것처럼 보이는 이 아파트는 실로 놀라울 만하다. 이 건물의 파격적인 특성 은 불규칙한 패턴으로 화사드에 분배된 다른 많은 유형의 발코니와 유리창으로 인해 더욱 고조되고 있다.

이로써 각 아파트들은 시각적으로 동일한 평면을 가지면서도 개개의 아이덴티티를 지닐 수 있었고, 건물 전 체에서 암스테르담 서쪽의 정원 도시에 나타난 대다수 건축물의 특징인 우아한 단조로움을 피하게 되는 결 과를 낳았다. 이는 전체적으로 지배적인 도시 설계 계획과 맥을 같이 하려는 mvrdv의 욕망, 그리고 Van

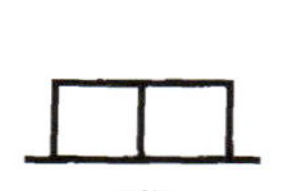

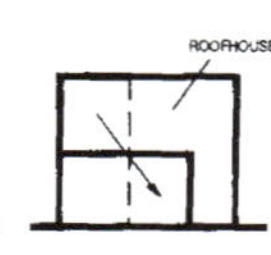

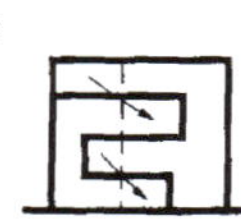

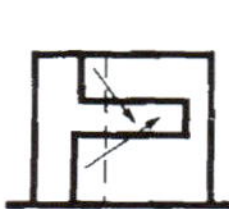

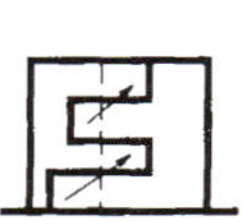

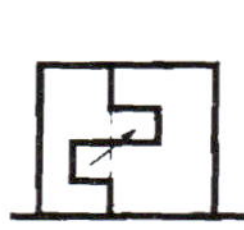

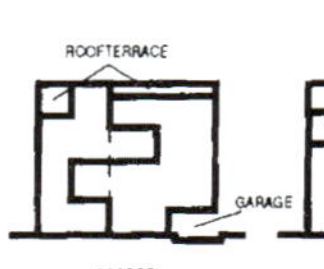

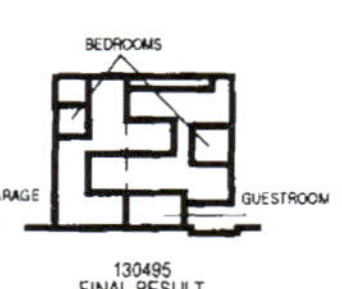

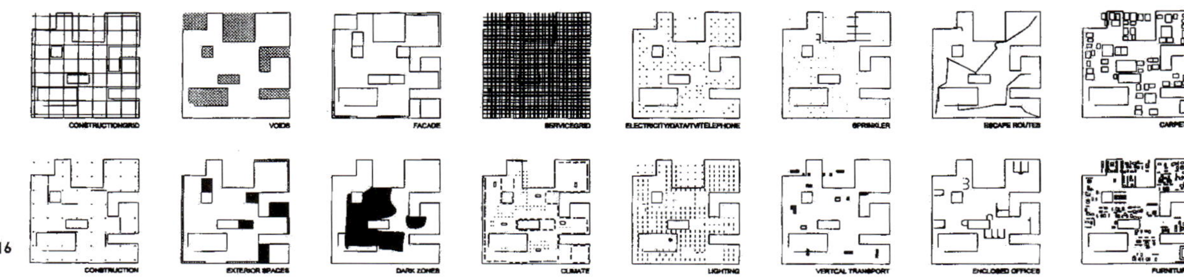

16

17

Eesteren이 활동하던 시절보다 더욱 높은 밀도의 요구, 그리고 자기 자신을 표현하고 싶어한 입주자들의 희망의 결합이었다. 흥미로운 것은 mvrdv가 이를 다룬 방식으로 인해, 데이터스케이프가 기성의 해결책이 아닌, 생각하지도 않았던 가능성에 이르게 되었다는 점이다. 이 프로젝트에서 제약은 공중에 떠있는 매달린 주거에 의해 드러나고 이것은 예술적 직관을 관통한다.

Double House

두 가족이 하나의 대지를 소유한 Utrecht의 Double House는 경계와 생활방식, 동일성과 다양성이라는 제약을 어떻게 건축화하는가를 잘 보여주고 있다. 한 부부는 일종의 piano nobile 위에 살면서 일층과 단절된 거실을 갖고 싶어했다. 다른 부부는 일층의 정원에서 요리하고 식사하기를 원했다. 첫 번째 부부는 상층부 옆의 커다란 침실을 원했고, 다른 부부는 가족실을 침실과 결합시키고 싶어했다. 두 부부 사이의 이러한 구분선은 그들의 영역을 중재하고 실내와 경관의 이상을 활용하는데 좋은 도구로 변형되었다. 이것은 두 부부 사이의 일종의 자발적인 독립성으로 이어졌다. 그들이 없었다면, 이러한 특성은 결코 달성될 수 없었을 것이다. 결과는 그들의 차이점에 대한 특정한 인식을 가져왔다. 주택은 동일성과 다양성의 공존과 혼잡을 이야기한다. 동일성과 다양성은 우리 인간이 얼

18

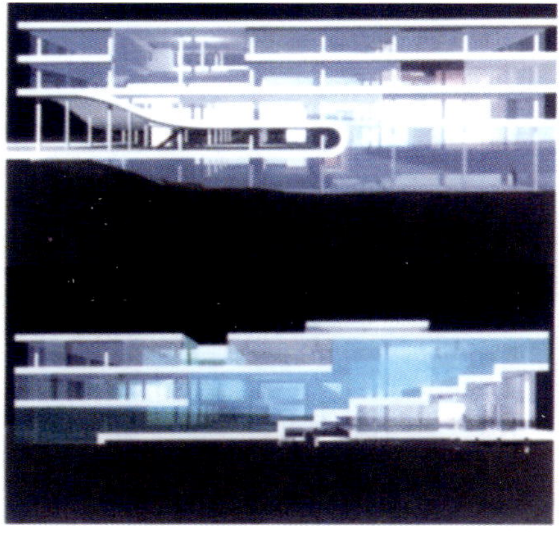

Wozoco 아파트

마나 비슷하면서 다른가를 보여주는 그림자이다. 사람들은 콘크리트 벽으로 인해 다른 사람들의 소리를 듣지 못할 것이다. 하지만 그럼에도 불구하고 주택을 관통하는 이웃한 볼륨 때문에 그들이 주위에 있음을 인식한다. 이렇게 가운데에 있는 일종의 중재의 볼륨을 통해 제약조건이 드러난다. 이것이 가져오는 어떤 인식은 밀도 높은 상황 속에서 서로를 대하는데 도움을 준다. 듣는 대신 이웃을 느낄 수 있는 것이다.

인위적 생태학(artificial ecologies)와 랜드스케이프(landscape)

mvrdv의 작품에서 '랜드스케이프'에 대해 말하지 않을 수 없다. mvrdv의 작품에서 랜드스케이프는 이미지가 아닌 과정으로서 존재한다. 높은 인구밀도는 도시와 랜드스케이프 사이의 경계를 흐리게 만들었다. mvrdv의 작품에서 '도시적 랜드스케이프'의 개념은 건물이 대지를 점유하지 않으며, 건축가의 행위가 대지 자체를 건설하는 것임을 뜻한다. 랜드스케이프는 도시설계와 도시기간시설과 맥을 같이 한다. 미래의 거주자들과 이벤트를 위한 터전을 건설하기 위한 것이다. 랜드스케이프는 전체로서 설계되고 통제될 수 없지만, 대신에 반드시 미래를 지향해야하고 시간의 흐름에 따른 성장이 허용되어야 한다. 이것이 바로 랜드스케이프의 조건이다. mvrdv의 작품에서 랜드스케이프는 단순한 형태나 은유가 아닌 대지의 부족을 극복하고, 실내와 실외의 연속성을 의미하며, 과정을 위한 하나의 모형으로 작용한다.

Villa VPRO

Villa VPRO의 디자인은 인위적 생태학으로 인식된다. 생태학은 자원과 생물, 기후의 복잡한 결합으로, 다수의 피드백 사이클 안에서 작용한다. 건물의 특정한 미래를 예측할 수 없기 때문에 건축가는 시간의 경과에 따라 건축이 진화할 수 있을 정도로 탄력적이면서 미래의 성장방향을 제시할 만큼 상세한 일련의 공간과 표현을 생각한다. mvrdv는 프로그램과 형태 사이를 느슨하게 해서, 사용자의 즉흥적 필요를 수용할 여지를 남겼다. 건축물이 미래에 일시적인 완성의 상태로 진화할 것을 예상하여, 불완전한 구조물로 디자인하는 것이다. mvrdv의 작품에서 느슨하고 불완전한 시스템의 궤도이탈 가능성은, 그들 건축을 살아 움직이게 하는 원동력이 된다.

mvrdv의 프로젝트에서 어떤 역할을 하는 것들, 즉 키워드(key word)는 높은 건물밀도, 랜드스케이프의 연속으로 보는 건물해석, 복합적 기능과 중첩된 프로그램, 개인과 건물을 상호 관계토록 하는 차별화된 평면 등으로 나타난다. Villa VPRO는 이 같은 설계방식이나 전략을 가장 잘 설명하는 예일 것이다.

mvrdv의 프로젝트 과정은 설계 과정보다는, 협의과 보완, 건설과정과 같이 설계작업이 끝난 다음 표면으로 떠오르는 건축적 측면을 암시한다. 설계라는 은둔적 과정만으로, 시간이 흐르면서 펼쳐지는 건축의 생명력을 설계자의 통제 안에 둘 수는 없다. Double House 프로젝트는 은둔적 설계실을 떠난 mvrdv의 소산이다. 일상적인 수직 벽으로 대지가 분리되는 대신, 절반이 부착되어 있는 이 주택 속의 두 세대는 복잡한 형태로 서로 다른 세대 속에서 발전한다. 원래 건축주는 대지를 산 다음에야 자기 혼자 집을 지을 만큼 경제적 여유가 없다는 것을 알게 되었고, 광고를 통해 함께 살 다른 입주자를 구했다. 하지만 두 가족의 요구가 너무나 달랐기 때문에, 두개의 다른 건축사무소에 의뢰하는 것이 최선으로 여겨졌다. 설계는 두 가족과 그들의 건축가인 Architectengroup의 Bjarne Mastenbroek과 mvrdv가 벌인 광범위한 협상의 결과였다. 외적으로 볼 때 주택은 건축적 기호(sign)의 차이를 전혀 드러내지 않는다. 대신 건축가들은 다른 주거들을 대표하는 역할을 했다. 그들은 함께 최대의 공간적 외피를 단순하게 채웠다. 이것은 차별화 된 공간 속에서 다른 사람들과의 공존을 위한 선언이다. 하지만 그와 동시에 건축가의 새로운 역할에 대한 선언이기도 하다. 협상가와 디자인, 그리고 아마도 특수한 전문가들의 세계 속의 최후의 만능인이라 할 수 있는 것이다.

WoZoCo's Apartments for Elderly People, Amsterdam-Osdorp, 1997

| 디자인 컨셉 |

공동주택으로서의 이 건축물은 노인을 위한 아파트라는 초기 계획 프로그램과는 상당히 동떨어진 이미지를 던져준다. 전면도로를 면하여 북측에서 보이는 공중에 떠있는 건물 매스의 혁신적이고 과격한 인상은 네덜란드 아방가르드의 현대적 위치를 보여주는 매우 극적인 사건이다. MVRDV는 네덜란드의 신예 건축가 그룹으로 비교적 젊은 나이에 자신들 조국으로부터 많은 수의 건축물을 의뢰 받는 행운을 누리고 있다. 이들은 실험적이면서도 과감한 건축적 제안을 내놓기로 유명한데 그 제안이 받아들여지고 디자인이 통용되는 것은 이들의 건축적 사고가 분명 현대 건축사(建築史)의 한 맥락 내에 위치하고 있기 때문이라 할 수 있다. 이들의 작업은 네덜란드 기능주의의 건축적 전통에 한쪽 발을 두는 한편, 다른 측면에서는 건축과 디자인에 있어서의 현대적 공동전선, 즉 광의의 철학적 포스트모더니즘의 논리에 다른 쪽 발을 두고 있다.

적 디자인 개념을 보여주고 있다.

MVRDV의 작업은 "데이터스케이프(datascapes)"라고 불리우는 그들 특유의 디자인 사고를 건축화하고 있는데, 그들에 의하면 "데이터스케이프"란, 건축물에 영향을 주는 현대 사회의 보이지 않는 힘을 보이게 만드는 수단이라고 한다. 즉, 외부(건축적 실천 및 그것을 지배하는 관료기구를 통솔하는 경제적 힘)로부터 부과된 제약, 다시 말해 건축에 사회적, 경제적, 정치적 정보를 기호화할 수 있는 특수한 수단을 명료화하기 위해 자신들의 내재적(건축기술, 건축적 관습 그리고 건축작업의 습관) 규칙들을 사용하는 것이다. 그 결과 그들은 건축의 전통적인 원근법적 또는 추론적 효과들보다는 공간적 또는 질료적 효과들에 더욱 관심을 두는 디자인을 보여주고 있다. 이 건물에서는 이들의 공간적이고 질료적인 표면 효과가 극대화되어 나타나고 있다. 특히 북측 전면부의 복도

이들은 현대 네덜란드의 도시와 건축디자인의 문제를 예민하고 심각하게 받아들이고 있으며 그들 건축적 사고의 감수성을 통해 객관적이면서도 기계적이기까지 한 그러나 결코 형식주의나 실용주의적 논리의 냉혹한 규칙을 부과하는 기능주의가 아닌 새로운 해결책을 만들어 내고 있다. 이들의 새로운 해결책은 새로운 형태를 고안하거나 창조해내는 네오 아방가르드적 디자인 과정이라기보다는 오히려 일반상식을 초월하는 데서 오는 과격함으로 특징지어지고 있다. 그들에게 있어 창조성은 새로운 형태의 고안이 아니라, 오히려 현존하는 제약들을 재현함으로써 표현된다. 형태는 그것이 의미하는(기호화하는) 정보에 관련해서 설명되고 있다. 이러한 측면에서 보았을 때 이 아파트는 형태적 또는 형식적이라기보다는 다분히 기능적이며 비심미적이고 사회적 상황에 민감한 현실 참여

입면에 사용된 유리와 도로 측으로 튀어나온 주거 매스의 목재 마감이 자아내는 인상이 상당히 질료적이다. 이 효과는 심미적이기보다는 기술적이며, 건축가의 미의식의 표현이라기보다는 건축가의 자동기술(自動記述)적인 정보의 단순한 전달을 코드화하고 있는 듯하다. 남측에 설치된 각 주호(住戶)의 칼라 풀한 발코니는 사회적 제한과 한계 그리고 경제, 기술과 같은 외적인 요인이 각각 차이성을 지닌채 표현되고 있다는 사실을 잘 나타내고 있는 것이다. 남측 입면에서는 북측 전면과는 완전히 전도된 상태로 튀어나온 발코니 부분은 칼라 플라스틱 판넬, 스틸, 그리고 유리로 마감되고 벽체는 목재로 처리되어 있어 남, 북측의 디자인 결과가 완전히 다른 기호의 표현임을 나타내고 있다.

| 프로그램 |

1950-60년대에 만들어진 암스테르담의 서부 전원 도시(western garden city)는 이 시의 매우 중요한 특징인 개방된 녹지공간을 조여 오는 고밀도의 건축군의 증대에 직면해 있다. 그러한 계획의 일부로서 만들어진 최후의 프로젝트가 이 집합주택이다. 전면도로인 북측에서 건물로 진입해서 서측 단부 필로티 부분에 설치된 공동 출입구를 지나면 바로 전면에 ELEV와 주계단의 코어가 설치되어 있다. 북도는 편복도형으로 주 계단을 통해 각층 복도로 진입하고 그곳에서 각 주호로 연결된다. 이 집합주택은 55세 이상의 노년층을 대상으로 한 것으로 몇몇은 젊은 사람들에게도 개방하고 있다. 처음 프로그램상 계획된 100호는 도

| 동선순환체계 |

대지의 위치 상 외부공간에서 건물로의 어프로치는 대도로 변을 따라 이루어지며, 어프로치부에 일련의 주차장 또는 소규모 광장을 둠으로써 동선을 여유있게 건물 내부로 유도하고 있다. 건물 내부에서는 서측의 현관을 통해 작은 코어로 이동하

| 구조 시스템 |

이 집합주택은 놀라울 정도로 길게 돌출된 캔틸레버가 특징이다. 길이 약 85m, 폭 약 13.3m의 세장한 평면을 하고 있는 편복도의 이 건물에 북측 복도 외측으로 11.3m 정도의 캔틸레버로 돌출된 주호 유니트를 설치해 놓은 것은 구조적으로도 큰 실험이었다. 이러한 경우는 이전의 프로젝트인 〈더블 하우스〉에서와 같이 내부공간에 인근 주택의 거실의 매스가 캔틸레버로 튀어나와 있는 것과 유사하다. 북측 외벽에 돌출된 5개의 캔틸레버는

시계획가인 반 에스틸렌(Van Eesteren)이 제정한 법규(AUP regulation) 상으로는 87호만이 건설 가능했다. MVRDV는 100호를 채우기 위해 남-북측의 대지에 7.2m모듈을 사용해야했다. 나머지 주호는 7.2m 모듈을 제외한 대지안으로 일련의 거대한 주호 매스를 돌출시킴으로써 모자란 13호를 마련할 수 있었던 것이다. 이를 위해 구조적으로는 캔틸레버에 의해 지상의 오픈 스페이스를 감소시키지 않고 13호의 스페이스를 성공적으로 확보할 수 있었다.

며 이곳으로부터 각층 복도와 주호로 동선이 이어지고 있다. 북측으로 돌출된 주호의 경우 일순간 중복도형이 되어버리는데 복도의 폭에 비하면 그 길이가 그렇게 긴 것이 아니어서 채광이나 통풍 또는 프라이버시에는 큰 무리가 없어 보인다.

2층 주호 유니트가 4개 그리고 1층의 유니트가 하나이다. 목재로 마감된 외벽에는 각양각색의 칼라 아크릴 판이 설치된 작은 발코니가 튀어나와 있다. 지상으로부터 위로 올려다 볼 경우 11.3m의 캔틸레버 박스는 가히 경이적인 박력감을 보여주고 있다.
북측의 편복도와 캔틸레버 매스들에 반해 남측에 배치된 주호군(群)은 북측의 외벽과는 달리 외벽에 목재판으로 마감했고 여기로부터 다양한 색채의 발코니가 다수 돌출되어 특이한 구조체계를 보여준다.

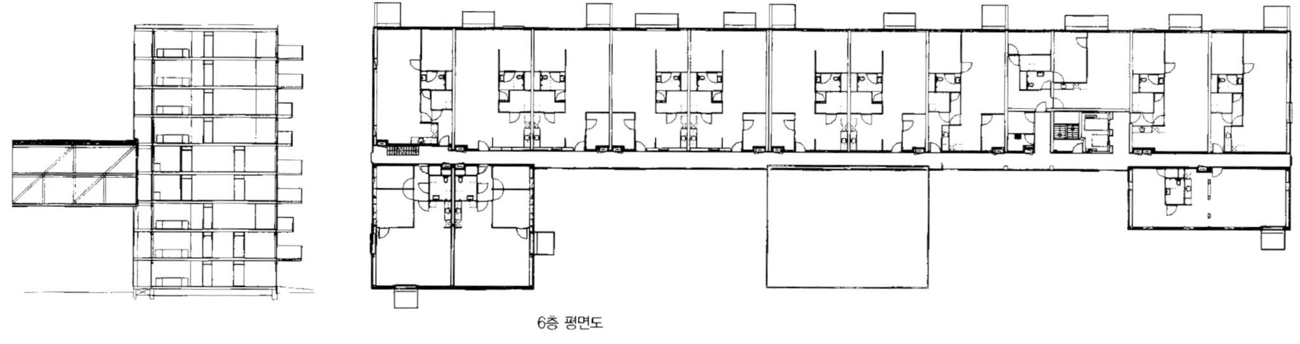

6층 평면도

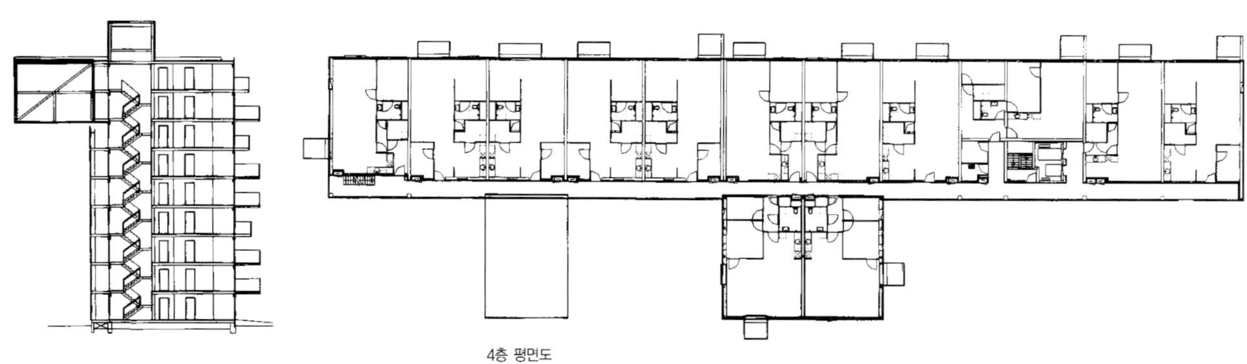

4층 평면도

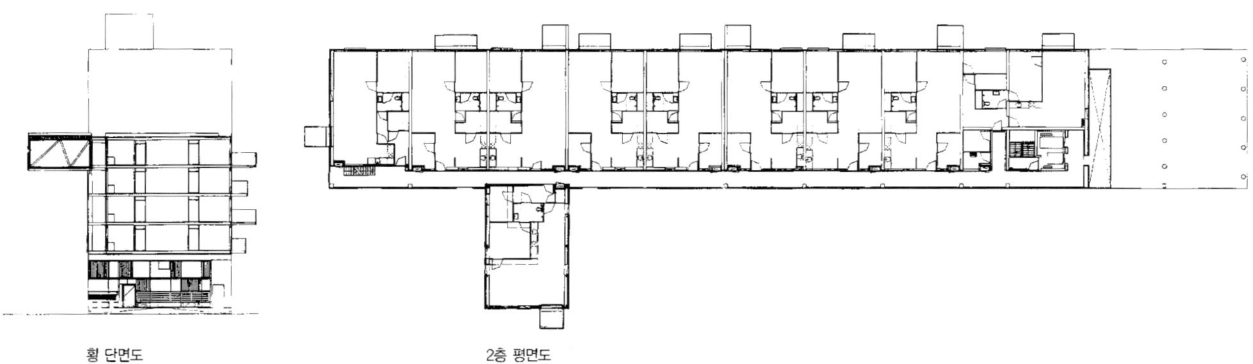

횡 단면도   2층 평면도

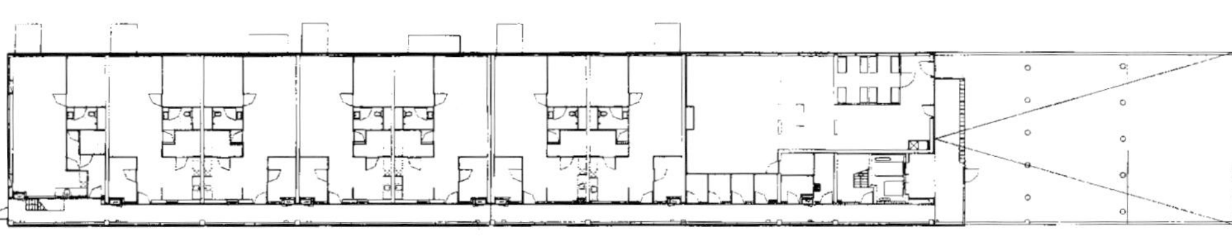

1층 평면도

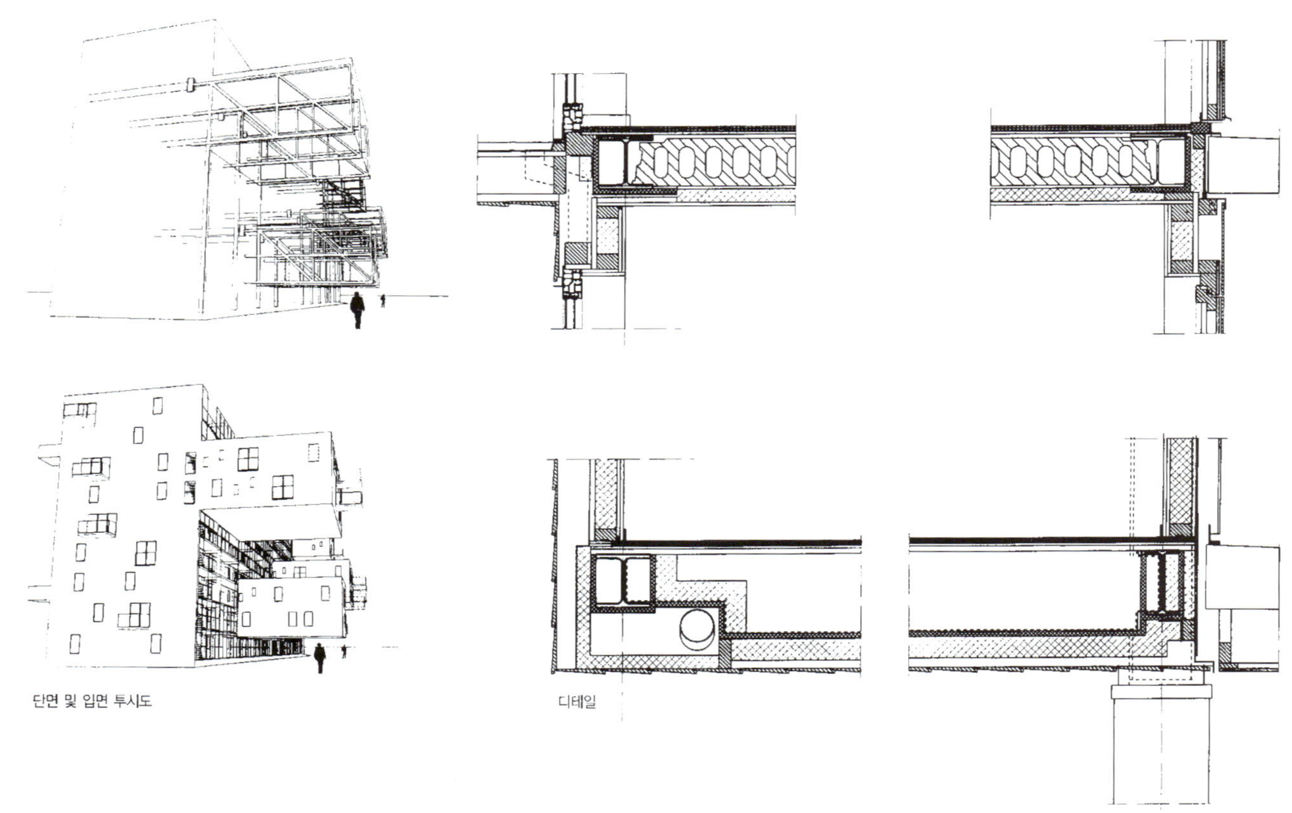

단면 및 입면 투시도

디테일

횡단면도
주 입면도

피카소 아레나
Picasso Arena

프랑스 교외에 위치한 이 집합주택은 전체적으로 8각형의 매스 배치를 하고 있다. 저층의 8각형 매스가 가운데 중정을 감싸고 있고, 동서 측으로 원형의 큰 매스가 수직으로 서 있다. 이러한 형태는 마치 르두의 건축을 연상시키는데, 양쪽 대칭으로 서있는 그 형상이 이곳 주변지역에서 돋보이며 이 건물의 가장 큰 디자인 요소가 된다. 8각형으로 구성된 광장은 가운데 정사각형의 정원과 그 안에 원형의 잔디밭으로 디자인되어 주민의 휴식공간을 제공하고 있다. 그리고 광장 측의 8각형 주변으로 회랑이 설치되어 있는데, 회랑의 디자인 모티브를 고딕성당의 플라잉 버트레스에서 가져온 듯한 형상을 하고 있다. 입면의 창들은 사각형 창과 아치형 창, 그리고 타원형 창이 규칙적으로 배열되어 있고, 특히 원형 매스의 개구부는 8각형으로 디자인되어 건물 전체 배치형태와 통일시키고 있다. 특히 이 건물은 단지 주거지로만 계획된 것이 아니라, 주변 지역의 학생들과 지역주민들을 수용하도록 학교와 유치원 그리고 집회시설 등이 함께 계획되어 있다. 전체 540세대로 구성되어 있는데, 양쪽의 원형 매스는 각각 80세대를 수용하도록 계획되어 있다. 대로에서 진입하는 축은 넓게 계획된 전면 진입도로가 광장까지 이어져 강한 흡입력을 가지고 있다. 이곳에서 보면, 정면으로 가운데가 오픈 된 매스와 양쪽에 원형 매스가 대칭으로 중심을 잡고 있고, 광장 가운데 조각상으로 시선이 집중된다. 그리고 다른 세 곳의 입구는 주변의 주택지와 연결되어 작은 골목을 형성하면서 서로 동선을 연결시키고 있다. 각 세대의 진입은 광장의 회랑을 통해서 이곳에 면한 7곳의 출입구를 통해 이루어지도록 계획되어 있다.

| 디자인 컨셉 |

이 집합주택은 전체 8각형의 매스 배치를 하고 있다. 저층의 8각형 매스가 가운데 중정을 감싸고 있고, 동서 측에 원형의 큰 매스가 수직으로 서 있다. 이러한 형태는 마치 르두의 건축을 연상시키고 있는데, 양쪽으로 대칭으로 서있는 그 형상이 이곳 주변지역에서 돋보이면서 이 건물의 가장 큰 디자인 요소가 된다. 8각형으로 구성된 광장은 가운데 정사각형의 정원과 그 안에 원형의 잔디밭으로 디자인되어 주민의 휴식공간을 제공하고 있다. 그리고 광장 측의 8각형 주변으로 회랑이 설치되어 있는데, 회랑의 디자인 모티브를 고딕성당의 플라잉 버트레스에서 가져온 듯한 형상을 하고 있다.

입면의 창들은 사각형 창과 아치형 창, 그리고 타원형 창이 규칙적으로 배열되어 있고, 특히 원형 매스의 개구부는 8각형으로 디자인되어 건물 전체 배치형태와 통일시키고 있다.

| 프로그램 |

프랑스 교외 지역에 위치한 이 건물은 주변의 집합주택들과 어우러져 있다. 특히 이 건물은 단지 주거지로만 계획된 것이 아니라, 주변 지역의 학생들과 지역주민들을 수용하도록 학교와 유치원, 그리고 집회시설 등이 함께 계획되어 있다. 전체 540세대로 구성되어 있는데, 양쪽의 원형 매스는 각각 80세대를 수용하도록 계획되어 있다.

이 건물은 전체 8각형으로 매스가 배치되어 있고, 방위 축에 따라 4곳에서 진입이 이루어진다. 특히 대로에서 진입하는 측은 넓게 계획된 전면 진입도로가 광장까지 이어져 강한 흡입력을 가지고 있다. 이곳에서 보면, 정면으로 가운데가 오픈 된 매스와 양쪽에 원형 매스가 대칭으로 중심을 잡고 있고, 광장 가운데 조각상으로 시선이 집중된다. 그리고 다른 세 곳의 입구는 주변의 주택지와 연결되어 작은 골목을 형성하면서 서로 동선을 연결시키고 있다. 각 세대의 진입은 광장의 회랑을 통해서 이곳에 면한 7곳의 출입구를 통해 이루어지도록 계획되어 있다.

이 집합주택은 전체가 하나의 매스로 구성되어 있는데, 저 층으로 계획된 8각형 매스에 양쪽에 원반형의 타워형 매스가 서 있는 형상이다. 저층부는 4층 규모이고, 원반형 매스는 기단 위에 14층으로 구성되어 있다. 그리고 회랑을 이루고 있는 플라잉 버트레스는 전체 건물을 더욱 견고하고 안정적으로 보이도록 한다.

- **회랑**: 8각형의 광장을 둘러싸고 있는 회랑은 3단의 계단 위에 있고, 8각형의 매스를 지지하는 플라잉 버트레스 형상으로 디자인되었다.
- **천창**: 원반형 매스의 지붕 부분에 창들이 계획되어 있다.

SUVA 하우징 및 오피스
SUVA Housing & Office

헤르조그 & 드 뮤론이 디자인한 이 건물은 사거리 모퉁이에 위치하고 있는데, 트람 열차가 다니는 바젤 도시한 복판 광장으로부터 한 블록 안으로 들어온 사거리에 위치함으로써 도시의 극심한 번잡함으로부터는 일단 피해있다. 주변에는 중앙 광장에 마리오 보타의 은행이 위치하며, 바젤이라는 도시의 교통량이 가장 많은 광장 측에서 남측으로 한 블록 건너 오피스 군들로 둘러싸인 가로 모퉁이에 위치한다. 건물의 용도는 일종의 복합 건축물로 오피스와 주거시설이 함께 계획되어 있다. 주거 부분의 경우 그리 크지 않은 규모이지만, 평면을 보면 두 개의 주거가 서로 마주보는 전형적인 아파트와 같은 모습을 하고 있는 것이 특징이다. 전면의 마감이 유리로 되어 있어 주거 부분에서의 프라이버시가 문제시되지만, 전면 도로 측으로는 계단이 형성되어 있어, 일단 도로 측에서의 시선의 차단은 이루어지고 있는 셈이다. 오피스의 경우, 같은 층에서 일률적으로 구성되어 있다기보다는 서로 층을 바꾸어 오피스, 주거가 복합되어 있든지 아니면, ㄱ자로 꺾여 있는 북측 부분에 주로 배치되어 있는 모습을 볼 수 있다.

전체적인 건물의 구조 시스템은 주요 골조로 철근 콘크리트조가 사용되었으며, 외피에는 유리와 철재 프레임이 광범위하게 사용되어 커튼 월 방식으로 시공되었음을 알 수 있다. 이를 통해 볼 때, 이 건물은 당초에는 주거로서보다는 오피스로 계획되었음을 알 수 있다. 외피에 설치된 일련의 창문 시스템은 열리는 각도에 따라 루버로 사용되기도 하며, 매 유리 단마다 창이 열리는 관계로 주변의 풍광의 반사의 차단 또는 햇빛의 조절에 유용하게 사용되고 있다.

Herzog & De Meuron의 건축사고방식 – Raymund Ryan

건물이라고 하는 사각형 상자의 해체. 가리키는 내용은 변했어도, 20세기의 건축은 이 표현을 축으로 전개해
왔다. 유럽의 도시에서, 구조, 도시의 건전화라든가 정치적 자유라는 이유로, 여분의 틈도 없이 빽빽이 세워
진 스스로의 중량감을 견디어 온 도시의 가구(街區)와 외과 수술을 받아 모서리를 떼어내고 건물의 옆구리를
잘리는 등, 자취만 남은 토지는 빈터로 되돌아와 거꾸로 민주적인 백지 상태로 다시 모습을 나타낸다. 그러나
건축가나 도시계획의 전문가에게는 모처럼의 독창적인 계획이라고 해도, 반드시 환영을 받는 것은 아니다.
전후(戰後) 부흥과 재건을 완수하고 번영을 향유한 1960년대에는, 서구나 일본의 도시에서 하나의 극단적인
상황이 집중되어 지금은, 자주 들을 수 있는 바와 같이, 누구나 도시에 대한 소외감이나 장소성의 상실을 느
끼고 있다. 아무래도 선진 자본주의 세계에서 일찍이 확립된 여러 가지 자유가 당연한 일이 되면서 드러나는
일인 것 같다.
거꾸로, 구 공산권으로 눈을 돌리면, 독특한 흐름이 맹렬한 기세로 도시의 양상을 점차 바꾸어 나가고 있는
것을 볼 수 있다. 확실히, 디자인의 판도라 상자를 연 것과 같다.

그런 와중에 Herzog & De Meuron의 일련의 건축물은 분해에 의해 형성된 상자이다. 모더니즘이 제창하는
상자는 사람들을 열중하게 만들었지만 순수하게 인도주의적인 이념이었던 것은 아니다. 네덜란드, 러시아, 독
일(바우하우스는 동독 시대를 어떻게든 살아 남았다)의 아방가르드가 공간이나 평면을 대상으로 표현의 실험
을 여러 차례 시도한것은 정치, 미학 양 측면에 목적이 있었다. 네덜란드에는, 정태적인 상자를 구성하는 벽,
바닥, 천장을 뿔뿔이 흩어지게 함으로써 역동적인 약동감 넘치는 요소로 해체한 디자이너가 있었다. 러시아

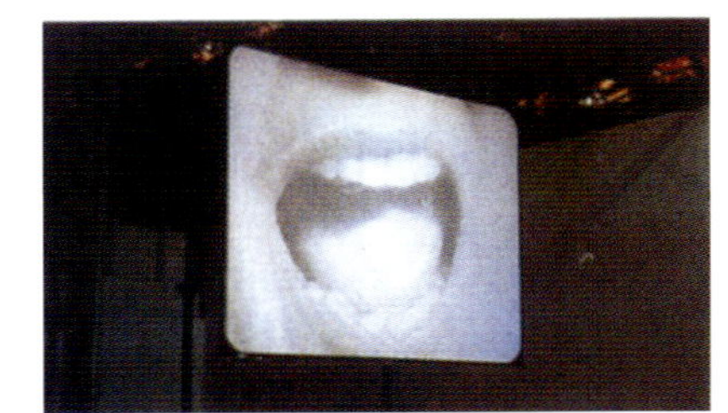

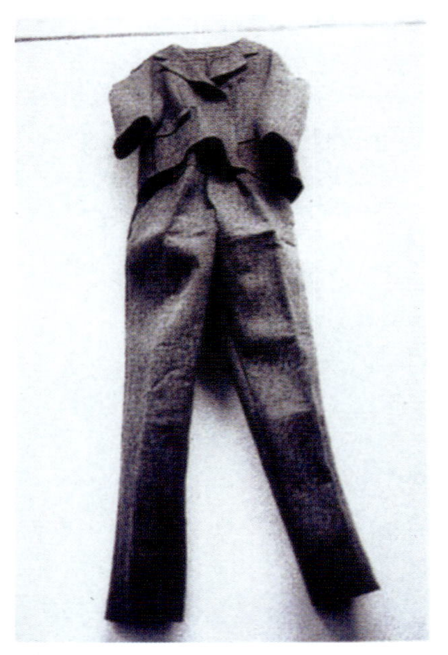

4

의 구성주의는 처음에는 여러 분야에서 기하학적 형태를 사용한 표현 수법을 만들었던 운동이었지만, 공산주의의 선동이나 선전용으로 평면적 수단이나 사진을 이용하여, 일상적 대량생산의 장소에서의 신체 노동을 나타내는 방향으로 점차 운동의 축을 바꾸었다. 건축과 미술이 함께 손을 잡아, 보편적인 조형을 이루는 장대한 꿈을 보고 있었다. 이윽고, 몬드리안이 네덜란드로부터 뉴욕으로 옮겨 가면서, 미국에서도 평면이야말로 궁극적인 한편 유일한 영역이라는 움직임이 일어나, 예술가들이 빠짐없이 평면과 격투하기 시작한다. 그렇게 되자, 건축은 미술의 가르침을 그대로 따르지 않을 수 없었다. 그러나, 다음에 미술계를 석권한 개념론(Conceptualism)을 교본으로 삼은 건축가들은 도대체 얼마나 있었을까? 물질성을 갖춘 상자, 혹은 뼈대로의 회귀로부터 배운 것은 있었던 것일까? 상자라고 하는 장소에.

그런데 때때로, Herzog & De Meuron의 건축물에서는 콘크리트와 유리를 일견 구별할 수 없게 된다.
베를린 북쪽의 조용한 거리, 에바스발데(Eberswalde)에, 긴 역사를 자랑하는 임업 전문의 기술 학교가 있다. 그 학교에 도서관을 신설하게 되어, 1994년 스위스의 Herzog & De Meuron이 설계에 착수 한 후 건설이 진행되었고 이윽고 완성되어 이용되기 시작하였다. 도서관의 건물은 매우 평범한 가로에 접해, 작은 캠퍼스 모퉁이의 한 구획에 건물 각을 부지의 각에 정확히 맞추어 세워졌다. 13.32×34.73㎡의 직사각형, 3층 건물의 각층이 수직으로 쌓여있다. 1층 부분에는 대로와 반대측의 면에 모두 유리벽의 포치와 복도가 쑥 내밀어 설치되었다 (복도에서 관리 사무실과 서고에 사용하는 기존의 건물과 연락된다). 외벽 면은 상, 하 폭 2.165m의 콘크리트 띠로 완성되어, 띠 하나 하나는 프리패브로 성형한 콘크리트 패널을 밀도 있게 맞추어 붙여 패널 가로 폭 1/3매 마다 1매씩을 창 바꾸어 설치했다. 그리고, 마치 체적의 요구하는 방법을 도해했을 때와 같은 콘크리트의 층을 분단 하여, 동일 평면상을 역시 수평 방향으로 유리의 띠가 설치되었다.

외벽은 에바스발데(Eberswalde)의 경우, 독일의 예술가인 토마스 르후(Thomas Ruff)가 신문의 컷에서 선택한 사진 화상이 전면에 프린트되어 있다. 콘크리트의 띠는 4개 있는데, 모두 가로 1.50m, 세로 0.715m의 패널을 연결한 것으로 그것이 평행하게 서있는 가운데, 각각 높이 1.9m의 유리 채광용 창이 3층 위치에 끼

5

SUVA 하우징 및 오피스

어 있도록 요철 없이 시공되었다. 콘크리트에는 패널은 성형할 때 특별한 처리를 가해 사진 화상을 프린트하는 부분만 외부보다 경화를 늦추어 형틀을 제거할 때 빠지도록 했다. 눈을 가까이 들이 대거나 만져보면, 베이스가 되는 콘크리트가 매우 치밀하고 평활한 가운데, 사진의 도안을 붙인 곳에서만 질감을 일부러 풍화시켜 놓았음을 알 수 있다. 이 콘크리트 표면은 실을 걸친 것 같은 광택을 발하지만, 보는 각도나 빛의 가감 상태에 따라 위로 이어지는 유리의 층만큼 눈에 띄지 않는다. 유리에 가까운 콘크리트에 희게 프린트 된 도안이 반사해 비추는 하늘이나 나무, 주위의 건물과 서로 섞이면 이들 가짜 유리 띠는 놀라운 이상한 모습을 보인다.

하지만, 원래 콘크리트의 생성에는 물을 사용하며 유리는 콘크리트와 같이 모래를 원료로 만들어지는 것이 아닌가.
중세가 끝날 무렵에 시대를 설정한 『노틀담 드 파리(노트르담의 곱추)』의 소설에서 빅토르 위고는 중세 사회에서 모두가 믿고 있던 것에 새로운 인쇄 기술이 준 충격을 기술하고 있다. 이 위대한 낭만주의 작가에게 있어, 인쇄 기술의 발명 이후 건축은 서서히 무미 건조하게 되어 갔다. 중심 인물 중 한사람, 노틀담 사원 부주교인 Dom Claude는 중세적 학문의 모든 영역을 두루 섭렵하였고, 이 유명한 대성당의 조각상이나 스테인드 글라스의 하나 하나까지 해석, 해독할 수 있었다. 중세적 정신에는 디테일과 표상으로 물든 고딕 건축은 불변의 기독교 신앙을 기록하는 명료한 기술(記述)이며 읽을 수 있는 것이었다. 이 소설 작품에서, 잘 알려진 이런 구절이 나온다. Dom Claude가 손님을 맞이할 때, 일행 중에 변장한 왕이 섞여 있었다는 이야기이다. 그 때, 왕은 손에 인쇄 책을, 즉 그의 문화적 가치 체계의 붕괴를 휴대하고 있다. 그는 노틀담 사원이 보이도록 창을 열어 책으로부터 교회로 슬픈 듯 시선을 돌리면서 말한다. "아, 이것은 저것에 죽음을 가져오고 만다."

에바스발데(Eberswalde)를 무대로 Herzog & De Meuron이 만들고자 한 것은, 그 자체를 읽어 내는 것이 가능한 서적을 위한 건물, 도서관이었다.
모더니즘의 여명기, 미스 반 데어 로에는 〈디 스틸〉의 평면성에 더하여 물질성에 대한 중세인에 가까운 관심을 융합시켰다. 중세 이전부터의 도시, 아헨(Aachen)에서 태어난 숙련된 석공의 아들 미스는, H.P. 베르라에의 아트 앤드 크래프트(Art & Craft)의 색채가 강한 작품에서,

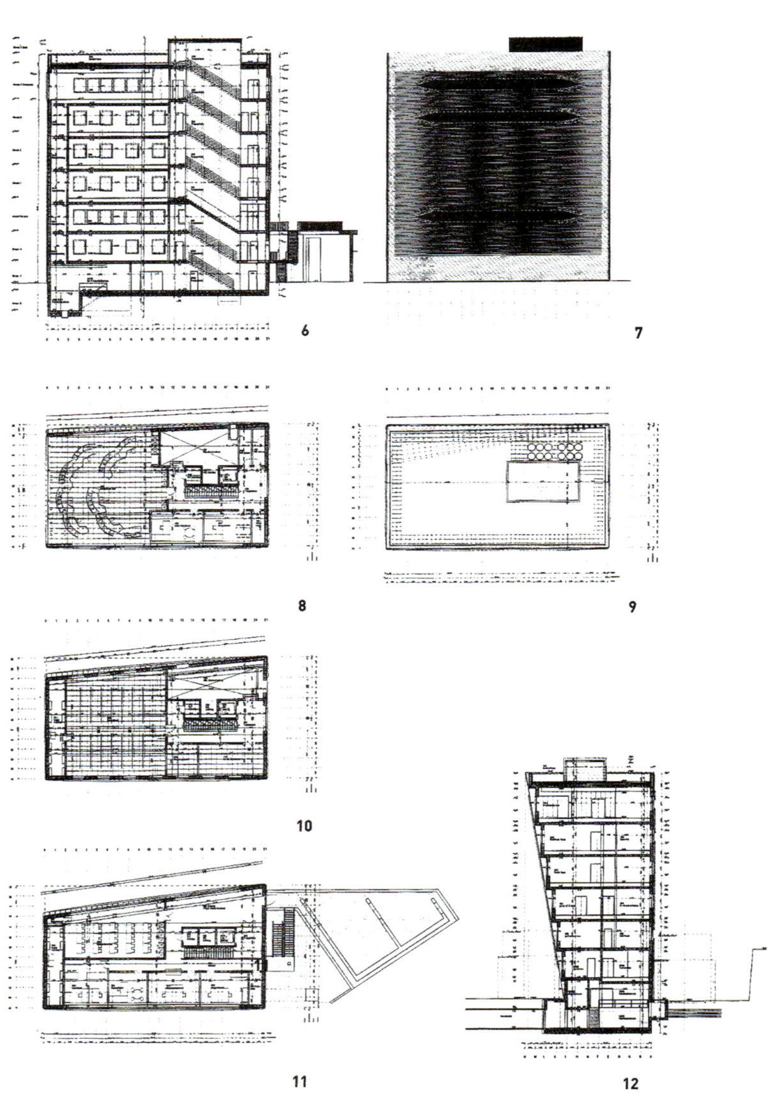

6 7 8 9 10 11 12

13

14

이 네덜란드의 건축가의 조적 기술과 평평하고 불순물이 전혀 없는 벽면이 만들어 내는 구조에 눈을 뜨게 된다. 이것을 이어받아 미스 자신도 조적조에 관심을 두게 되었고, 가장 알려져 있는 그의 전 작품 중, 기묘한 한 작품을 제작했다. 후에 나치에 의해 해체되어 현존하지는 않지만, 1926년 베를린의 프리드리히슈페르디에 완성한 로자 룩셈부르크와 칼 리프네히트의 이름을 기념하는 기념비이다. 당시 일반적으로 정치와는 무관계한 미스가 다음과 같이 말하고 있다.

> "여기에 들어오는 사람들 상당수는 벽돌 벽 앞에서 사살되었다. 따라서, 그것을 모뉴먼트로 남긴다면 벽돌 벽이 만들어져야 할 것이다."

15

완성된 기념비는 평평한 벽돌 상자를 엇갈리게 비켜 놓으면서 위에 만들어 올린 전체를 공산당기를 내건 폴(pole)이 장식한다. 거기에 존재하는 것과 그 의미를 분명히 가리키려고 했던 것이다. 한편,

> 미스는 새로운 객관성을 주창한 당시, 〈콘크리트 구조의 오피스 빌딩〉(1923)이나 〈독일 제국 국립은행〉(1933) 설계를 발표하였으며, 그곳에서는 양쪽 계획 모두 창 분할된 나머지 벽을 스판드렐로 막고 그 사이에 유리의 리본을 끼워 겹쳐 놓았다.

16

룩셈부르크 · 리프네히트 기념비로부터 40년 후, 칼 안드레가 갤러리의 바닥에 벽돌을 늘어놓아 예술의 한 스타일을 이끌어낸다. 데이비드 부르동의 말을 빌리면, 안드레의 조형은 바닥에 엎드렸을 때와 같은 평면성, 모듈에 근거하는 구성, 포괄적 공간성, 일반적인 소재나 형태와는 분명히 구별하고 있다. 이는 Herzog & De Meuron에 의한 에바스발데(Eberswalde)의 도서관을 특징 지우는 4개의 본질과 일치한다. 안드레는 미스와 같이 석공의 집에서 컸으며, 그런 그가 만들어 내는 작품은 모두 데이터로 설명할 수 있다. 나무 쌓기(나무, 유니트 8개, 목재 2개씩 4단, 각 유니트의 교차. 각 12인치×12인치×34인치, 총 48인치×36인치×36인치), 스틸 준평원(準平原, 냉간 압연 스틸, 직사각형 300개, 각 0.5cm×100cm×100cm, 총 0.5 cm×300cm×1000cm)으로써 말이다. 그는, 사진에 대해서도 명확하게 의식하여, 사진은 과학의 일단을 담당해 인류의 체험을 실증, 반복 가능하게 했지만 그것은 시스템이라고 말한다.

17

그런 안드레가 1996년, 모던 아트의 세계를 걸어 온 스스로의 궤적을 더듬어 그것을 다음과 같이 나타냈다.

18

발전 과정 :
형태로서의 조형
구조로서의 조형
장소로서의 조형

19

SUVA 하우징 및 오피스

에바스발데(Eberswalde)의 도서관이란 단조롭고 규격 모듈이 가지런한 보통 재료를 사용했기 때문에 고유성을 가질 수 있던 장소이며 사진, 그림모양이 규칙적이고 올바르며 병렬된 띠의 안쪽에서, 전체를 포괄하는 공간을 안는다.

새로운 객관성이 나온 것과 같은 시기에, 미스는 사치스러운 〈바르셀로나 파빌리온〉(1929)이나 모라비아 지방, 브루노에 있는 〈투겐트하트 저택〉(1928-1930)도 다루고 있었다. 바르셀로나의 프로젝트에서 미스와 릴리 라이히는 형태를 가지런히 한 트레버틴 테라스에 오닉스, 그린 티니안 대리석, 그물, 유리와 각각 투명도가 다른 소재를 이용한 스크린을 설치한다. 역시, 미스와 라이히(미스의 배후에서 보이기도 숨기도 하는 그림자의 파트너) 둘이서 설계한 투겐트하트 저택에서는 버튼 하나로 커다란 창이 슬라이드 되어 열리며, 전혀 안보일 정도의 장비를 갖춘 실의 디자인에 오닉스, 크롬 합금, 흑단과 같은 다양한 소재를 사용한다.

이러한 감각에 호소하는 요소와 기계 장치의 혼재가 현재 캘리포니아 나파 벨리에 Herzog & De Meuron이 설계한 〈크램리히 저택〉에서 소생한다. 이 주택은 지하에 갤러리를 마련해서 곡선을 그리는 유리벽 위에 소유자 부부의 일상생활과 비디오 아트의 콜렉션을 설치했다. 바젤 근교에 흑색의 외관이 눈을 끄는 〈켓헤린 빌라〉에서 이미 제시된 모더니즘 유파의 의식에 근거한 융해(融解)가 나파 벨리에서는 최신의 유리 처리 기술과 합쳐진다.

20

21

22

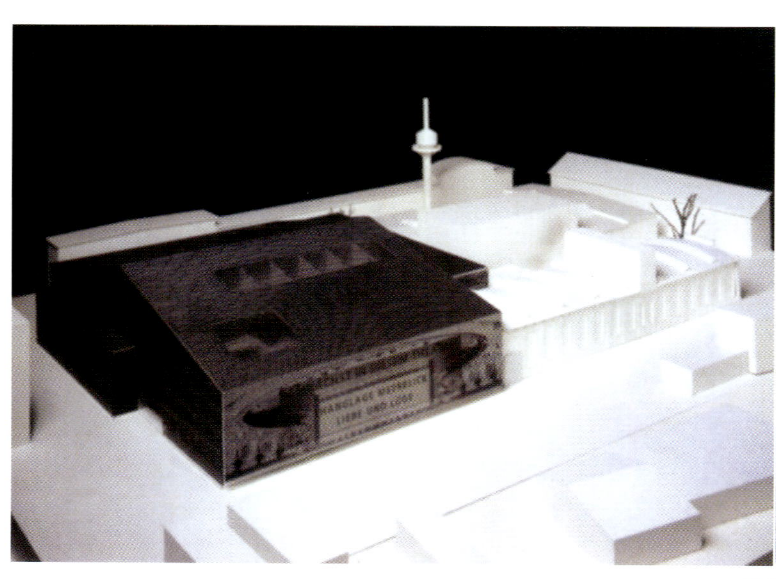

26

27

〈바르셀로나 파빌리온〉과 같이 에바스발데
(Eberswalde)의 도서관은 평행하게 겹쳐지는 유리 층
을 중도에서 나누는…혹은 격리된 구조체로 장소에 계
속 연결시키고 있는 것이다.

:서관의 평면 구성은 지극히 심플하게 되어 있다. 입구를
:어가면 관내를 상하로 연결시키기 위한 설비가 서비스
!어에 대략적으로 분포된다. 전반적으로, 공간의 수직 방
!의 확대가 억제되어 있다. 보조적 설비를 갖춘 이 상자
: 실제로 봐도 어디에 있는지 모른다. 마치 실내 공간을
!무 말 없이 그대로 주위와의 위화감을 감돌게 하면서
!유하는 표석과 같다.

!개, 여기에서 기억에 남는 것은 그 인연, 외벽, 즉 르후
· 선택한 그림모양이 한 종류씩 평행하게 층상으로 겹쳐
! 콘크리트와 유리이다. 미스가 만든 유리 주택에서는,
·직임이 공간을 활성화 시켰다. 다만, 그것은 제어 하에
! 한정된다(예를 들어, 바르셀로나 파빌리온에서 미스는
.림자가 너무 지는 것을 싫어해 실내의 라이트 월에 조
!이 닿는 것을 거절했다). 이에 반해, 〈크램리히 저택〉에
!는 사람이나 날씨 상태가 끊임없이 변화함에 따라 그
.습이 전위적=아방가르드인 비디오 아트의 영상과 섞인

28

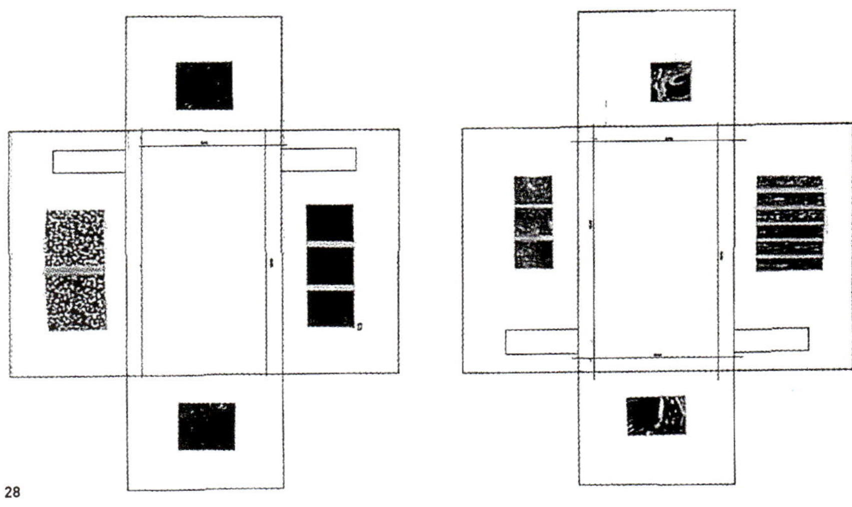

SUVA 하우징 및 오피스

다. 안드레의 말에 따르면, 유리가 장소를 만들어 내는 것이다. 한편, 에바스발데(Eberswalde)에서는 그림모양이 정지함으로써 모습을 바꾸는 것은 비와 자연광 밖에 없다. 여기에서 유리는 침묵을 지킨다. 도서관내로 접어들면, 머리 위로 설치된 유리가 받아들이는 빛이 광륜(光輪)을 생각케 한다.

에바스발데(Eberswalde)의 도서관을 위해서 르후가 선택한 13개 종류의 그림모양 가운데, 구 동독으로부터 목숨을 걸고 탈출하려는 장면을 찍은 한 장의 사진은 특히 인상 깊다. 베를린 장벽을 뛰어넘으려는 사람이 창에서 떨어지는 것을 찍은 유명한 사진이다. 그 그림은 외벽의 가장 눈에 띄는 위치에 자리잡고 있어 이것을 보았다면 서방 사람들은 몸도 꿈쩍하지 못하고 다만 우두커니 응시하고 있었을 것이다.

〈크램리히 저택〉에서 영사되는 동영상의 영상이 나타나고 사라지는 움직임과는 달리, 에바스발데(Eberswalde)에서는 움직임이 응고되어 있다. 최첨단의 콘크리트 성형 기술을 구사하여 재생된 사진 화상이 순간 변형된 프리즈(freeze) 장식이 되어, 과학과 예술의 그리고 먼 과거와 가까운 과거의 상징을 보는 사람에게 투영한다. Herzog & De Meuron은 여기서 모듈을 사용하는 콘셉츄얼리즘의 발상을 팝적인 감성으로 살렸던 것이다. 넓게 사람들의 인식을 촉구하고 또한 기술의 본질을 나타내기 위해서. 과연 안드레가 주장하는 대로, 사진가는....터져 버린 감수성을 한층 더 유린하는 것이 아니라 반대로 지킬 수 있을 것인가?

이러한, 유럽에서도 나중에 민주화된 지역에서는, 글라스노스트(glasnost)의 정보 공개가 현재에 이를 때까지 복잡한 의미를 띤다. 그렇다 해도 여전히, 콘크리트는 물을 사용하여 그리고 유리도 모래를 사용하여 만들어진다.

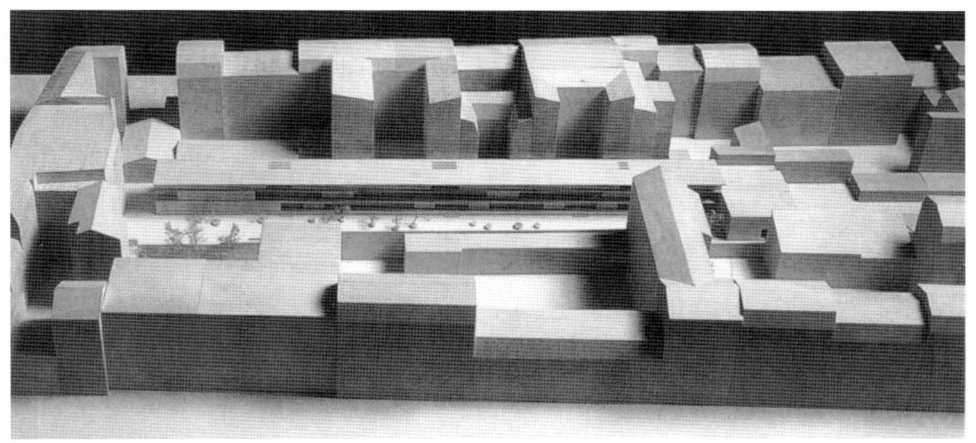

30

31

SUVA Housing & Office

St. Jakobstrasse 24, Basel, Swiss, 1991-1993, Herzog & de Meuron

작품설명

| 디자인 컨셉 |

헤르조그 & 드 뮤론의 건축물에서는 콘크리트와 유리를 일견 구별할 수 없는 경우가 허다하다. 대부분의 건물에서 그들은 주로 건물의 외피를 마치 화장하듯 여러 가지 차장을 하는데 많은 힘을 소진하고 있다. 그들이 주장하는 것처럼, 건물의 미니멀리즘을 추구하기에는 현대 사회가 지나치게 선진, 정보화되었고 건축에 많은 사회상황이나 제 조건의 정보가 영향을 미치기 때문에, 순수한 의미의 1920년대의 미니멀리즘은 마치 고사된 나무를 재생시키는 것과 같은 의미 없는 일이 되어 버렸다. 그들에게 있어 외피는 이제 미니멀리즘을 넘어서 새로운 표현을 가능케 하는 "예술"의 무대가 되고 있는 것이다. 그들은 자신의 작품에 많은 수의 예술가들의 작품을 실크 스크린하여 이중 구조방식으로 처리하고 있다. 즉, 유리 외피에 실크스크린의 피막을 한 장 입힘으로서 전혀 새로운 공간, 형태 및 입면이 가능케 되리라고 믿었던 것이다. 이러한 믿음은 실제로 현실화되었으며, 그 효과는 보는 이로 하여금 많은 경험과 신기로움을 부여하는 새로운 장을 열게 되었다. 이러한 효과는 마치 1920년대 아방가르드 예술가 및 건축가들이 시도한 공업 제품을 사용한 포토몽타주 또는 앗상블라주와 같은 효과를 발휘하고 있다. 이제 세계는 건축을 통하여 예술의 세계로 진입하며, 거꾸로 예술을 건물의 외피에 피막으로 입힘으로써 새로운 예술의 범주가 탄생하려 하는 와중에 있는 듯하다.

그런 측면에서, 바젤에 있는 헤르조그 & 드 뮤론의 〈SUVA 오피스 및 집합주택 빌딩〉은 순수한 유리 피막과 다소의 실크스크린이 장치된 그들의 대표적인 건축물 중 하나라고 할 수 있다.

이 건물은 SUVA 바젤 지부로서 일종의 확장 프로젝트였다. 헤르조그 & 드 뮤론에 의하면, 여기서 건물을 확장하는데는 두 가지 방법이 있었다고 한다. 즉, 완전히 새로운 건물의 부지를 마련하기 위해 1950년대에 지어진 기존 건축물을 철거하든지, 아니면 모퉁이 대지를 활용해서 증축하는 방식이 그것이었다. 당시, 오래된 건물의 보존은 새로운 부분과 오래된 부분을 모두 덮는 유리로 된 구조물이라는 해결책을 가져왔다. 유리 구조물은 각기 다른 시각적, 물리적 특성을 지닌 수평 유리 띠로 되어 있는데, 사무소에서 보이는 쪽의 투명 패널은 개별적으로 작동할 수 있으며, 기존 유리창의 음향적 인슐레이션에 부착되었다. 흉벽 단면 안의 패널에는 실크스크린 된 이미지가 더해졌으며, 반면 위쪽 유리창에 있는 무지개 빛 유리창은 건물의 단열 층을 개선해서 태양으로부터 보호해준다. 실크스크린 패널은 컴퓨터로 작동하는데, 유리 구조물은 오래된 건물과 새 건물을 정확히 모퉁이 건물로 통일하고, 일관적인 도시적 존재가 되게 하고 있다. 동시에 유리 패널의 투명성과 작용은 두 볼륨의 집합체로서의 구성을 드러내는 것이 특징이다.

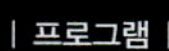

| 프로그램 |

극심한 번잡함으로부터는 일단 피해있다. 주변에는
중앙 광장에 마리오 보타의 은행이 위치하며, 바젤
이라는 도시의 교통량이 가장 많은 광장 측에서 남
측으로 한 블록 건너 오피스 군들로 둘러싸인 가로
모퉁이에 위치한다. 건물의 용도는 일종의 복합 건
축물로 오피스와 주거시설이 함께 계획되어 있다.
주거 부분의 경우 그리 크지 않은 규모이지만, 평
면을 보면 두 개의 주거가 서로 마주보는 전형적인
아파트와 같은 모습을 하고 있는 것이 특징이다.
전면의 마감이 유리로 되어 있어 주거 부분에서의
프라이버시가 문제시되지만, 전면 도로 측으로는
계단이 형성되어 있어, 일단 도로 측에서의 시선의
차단은 이루어지고 있는 셈이다. 오피스의 경우, 같
은 층에서 일률적으로 구성되어 있다기보다는 서로
층을 바꾸어 오피스, 주거가 복합되어 있든지 아니
면, ㄱ자로 꺾여 있는 북측 부분에 주로 배치되어
있는 모습을 볼 수 있다.

| 구조 시스템 |

전체적인 건물의 구조 시스템은 주요 골조로 철근
콘크리트조가 사용되었으며, 외피에는 유리와 철
재 프레임이 광범위하게 사용되어 커튼 월 방식으
로 시공되었음을 알 수 있다. 이를 통해 볼 때, 이
건물은 당초에는 주거로서 보다는 오피스로 계획
되었음을 알 수 있다. 외피에 설치된 일련의 창문
시스템은 열리는 각도에 따라 루버로 사용되기도
하며, 매 유리 단마다 창이 열리는 관계로 주변의
풍광의 반사의 차단 또는 햇빛의 조절에 유용하게
사용되고 있다.

rivella
Gartenstrasse

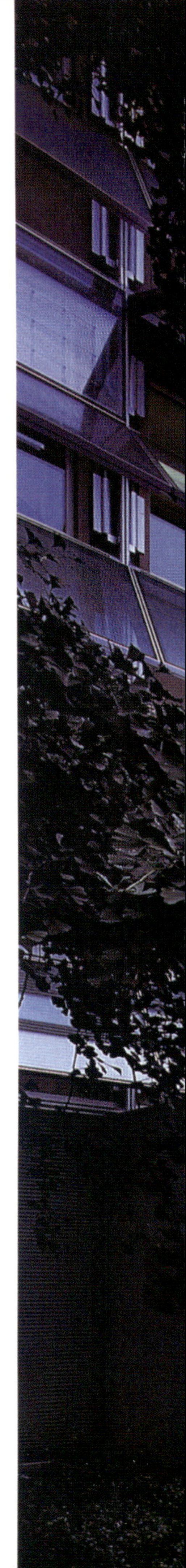

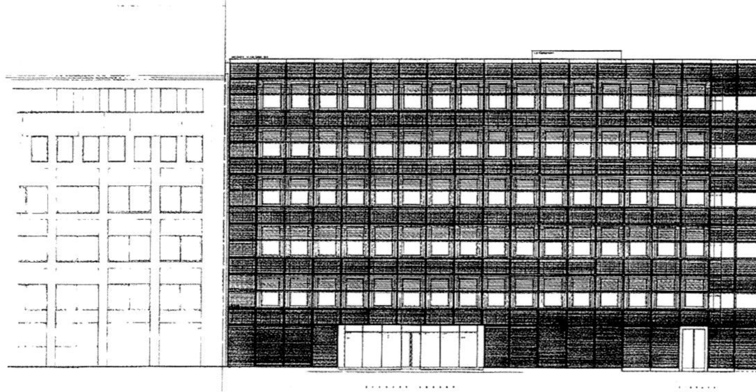

북동측면도

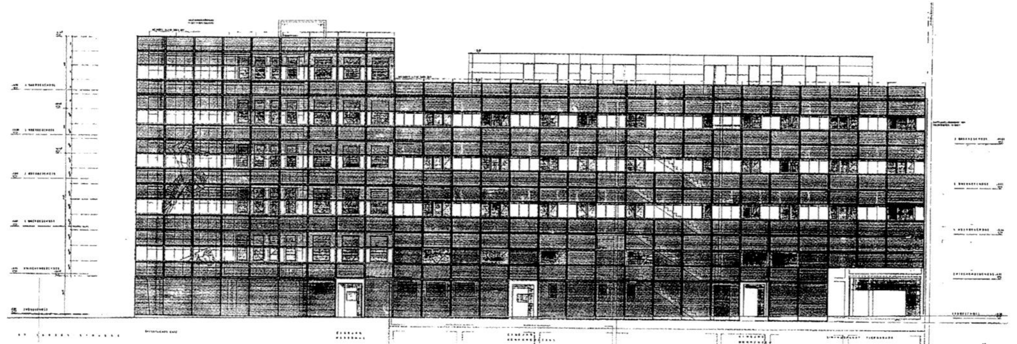

북서측면도

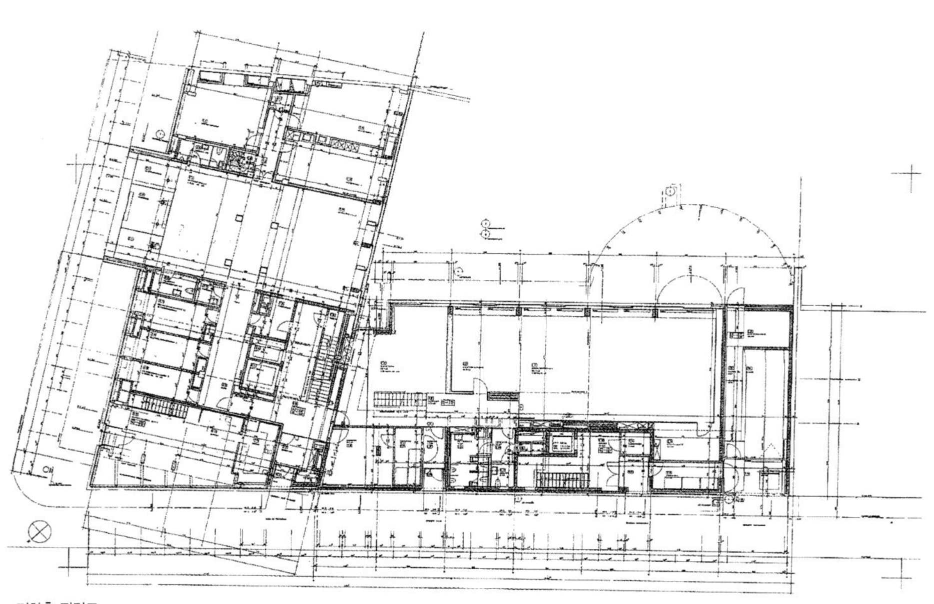

지하층 평면도

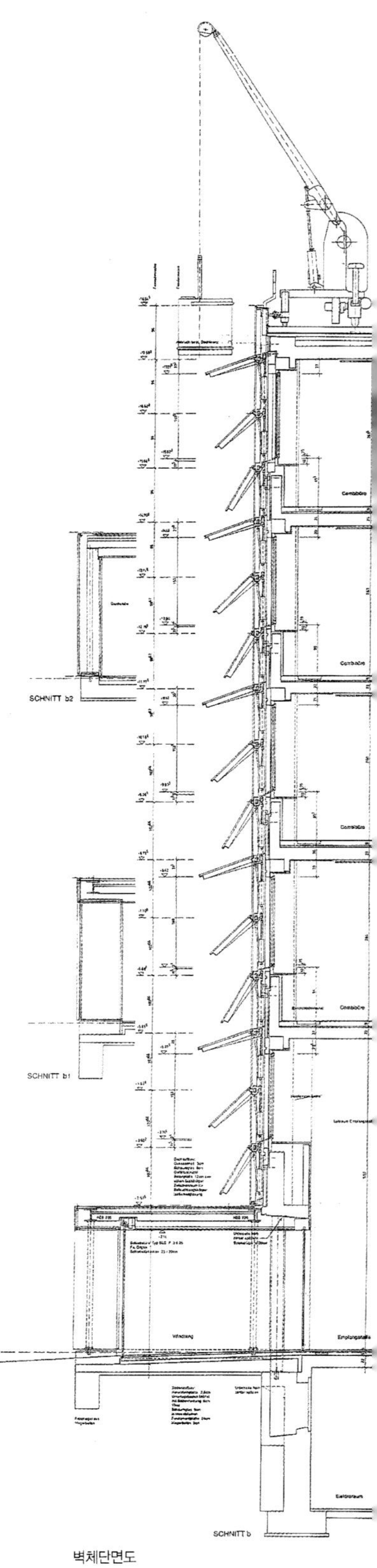

벽체단면도

La Courneuve의 집합주택
Dwellings in la Courneuve

건축가 리카르도 포로는 이 집합주택을 디자인하면서 파리 근교의 삭막한 도시에 새로운 풍경을 제공하고자 했다. 그는 보다 생동감 있는 디자인을 위해 정형에서 벗어난 유기적인 형태를 만들어 냈다. 3개의 동으로 구성된 집합주택은 가운데 광장을 형성하면서 나선형의 바닥패턴을 가지고 퍼져나가는 형태를 취하고 있다. 건물 매스도 이러한 형태를 취하면서 배치되어 있고, 특히 건물의 색깔을 강렬한 붉은 색과 파란색, 그리고 흰색과 검은 색으로 조합하여 주변 환경에 비해 생동감 있게 표현하고 있다. 주변의 주택단지 내에 위치한 이 집합주택은 가운데 광장과 연결된 2곳의 입구를 가지고 있고, 서로 관통하여 광장을 통과할 수 있도록 계획되어 있다. 모든 세대의 출입구는 이 광장 안에 위치하고 있고, 각 출구에 있는 비스듬한 출입구 캐노피는 입구의 인지성을 높이고 있다. 3개의 동은 각각 5개 층 규모로 계획되었다. 창들은 다양한 크기로 디자인되어 있고, 발코니는 광장 반대편에 위치하고 있는데, 삼각형으로 디자인되어 건물에 더욱 개성을 부여하고 있다.

Ricardo Porro의 건축사고방식

: 리카르도 포로와 그의 건축 – Ricardo Porro

나의 건축의 변천을, 적어도 그 근원에까지 거슬러 올라가서 말하자면, 나 자신의 출생에 대해 다루는 것으로부터 시작하지 않으면 안 된다. 나는 쿠바의 지방도시의 극히 폐쇄적인 환경에서 태어났다. 최초로 쿠바에 온 포로 가(家)의 사람은, 18세기 말 이탈리아로부터 이민온 사람이었는데, 이상한 일이지만 일사병에 걸려도 죽지 않았다. 그는 스페인 여자와 결혼했다. 그는 궁핍한 이민자는 아니었다. 사탕수수의 대 농원으로 성공해, 자손도 유복했다. 1868년에 낭만주의적 정신에 휩싸여, 쿠바 동부의 다른 지주들과 함께 독립을 요구하고 스페인에 선전포고할 때까지, 그들은 무기를 손에 잡고 당당히 일어섰지만, 만일을 고려해 스페인에 이용되지 않도록 사전에 노예를 해방하고 스스로 전답이나 공장을 불태웠다. 그들은 대단히 자존심이 강했다. 나는 종종, 자신의 낭만주의로의 고집과 자존심이, 개성이라기보다는 오히려 선조로부터 계승된 것이 아닐까 생각한다.

내가 태어날 무렵, 그 큰 집에는 가족의 역사 이외에 내세울만한 재산은 없었다. 그것은 매우 위엄이 있는 집이었던 것으로 기억된다. 중심이 되는 방은 천장 높이가 6–7m이며, 조각이 새겨진 대들보 천장이 거실로 향해 점점 낮아져, 풍부한 남양(南洋)의 식물과 빗물을 받는 큰 토기가 있는 정원으로 이어지고 있었다. 집의 다른 부분은, 이 안뜰을 둘러싸며 배치되고 있었다. 집은 그 자신이 생명을 가지고 있어, 어른의 세계로부터 분리되어 자신 혼자서 지낼 수 있는 장소를 언제나 아이에게 제공해 주었다. 나는 책을 읽거나 스스로 상상해낸 이야기의 등장 인물을 그리거나 하며 보냈다.

아버지는 외과 의사였다. 어머니는 가족을 보살피고 손님을 접대하며 그리고 주거에 대단한 관심을 가졌다. 그녀는 피아노를 연주했다. 어머니가 나를 위해서 쇼팽을 연주하면, 나는 언제나 넋을 잃곤 했다. 그리고 어머니는 "아버지가 없었으면 피아니스트가 되었을 텐데 라고 말하곤 했다. 이렇게 해서 나는 음악가가 되려고 결심했지만, 엄격한 부친을 설득할 방법이 없었다. 결국 나는 음악가가 되지 않았지만, 지금도 Broch가 음악을 파악한 것처럼, 자신의 건축을 파악하는 것을 좋아한다. 즉 "모든 것의 메아리"로서 말이다.

스페인인 사제가 운영하는 예수회 계통의 학교는 몹시 엄격한 종교 교육을 나에게 베풀었다. 천국과 지옥, 그리고 중재와 사랑을 부여해 주는 삼위일체에 대한 신앙은 처음에 나를 매료했다. 학교에서 길러진 종교심은, 그 후 그것을 느낄 수 없게 되어 이제 완전히 잃어 버렸다고 믿고 있던 시기가 있었던 것과 관계없이, 아직껏 내 마음속에 머물고 있다.

진정한 예술가라는 것은, 사람의 영혼 깊숙이 있는 절대적 존재를 믿는 것이라고, 나는 지금도 확신하고 있다. 어릴 적에 읽은 책 가운데, 가장 인상 깊고 또한 나의 예술에 커다란 영향을 준 2권의 책이 있다. 한 권은 신들의 조상(彫像) 삽화가 그려진 그리스 신화였다. 그곳에서는 그리스의 신들이 살아있는 인간처럼 생활하고, 살아가고 있었다. 그것은 매일 접하고 있는 스페인의 금욕적인 신비주의와는 정반대이었다. 다른 한 권은 "천야일야(千夜一夜) 이야기"이다. 매우 관능적이고 많은 삽화와 함께 그려진 이 이야기는 나의 마음 속의 보석 상자이다. 아주 어렸을 적에, 아이의 눈에는 훌륭한 보물과 같이 비치는 것을 집의 여자들이 보여 주었을 때에 갖게 되는 흥분 같은 것을 "천야일야 이야기"가 나에게 주었다.

이 모든 것이, 오늘날 나의 모든 작품에서 보여지는 테마의 대부분을 설명한다. 이러한 테마가 작품에 표현되는 것은 대단히 나중의 일이 되지만, 처음 이른바 건축이라는 것을 의식한 것은 여름 방학의 가족 여행 중에, 뉴저지로부터 맨하탄을 바라보았을 때였다. 보수적이지만 침착하고 아름다운 식민지 도시로부터 온 나는, 하늘에 우뚝 솟아있는 마천루에 큰 쇼크를 받았다.

나는 강력하고 화려한 구축물을 만들고 있는 자신을 상상했다. 그리고 건축가가 되자고 마음속으로 결정하고 건물의 그림을 그리게 되었다. 물론 마천루의 그림이었다. 건축 학교에 들어간 것은 "합리주의"가 전위적(前衛的)이라고 생각되고 있었던 시대였다. 나는 꼬르뷔제보다 미스 반 데 로에가 만들어 내는 균형의 완벽성에 끌렸다. 그로피우스와의 짧은 만남은 유익했다. 그는 나를 좋아하지 않았고, 나도 그를 좋아하지 않았기 때문에, 그 만남이 조형 학교를 거절하는 오이디푸스 컴플렉스(Oedipus Complex, 아들이 아버지에게 반발해, 어머니를 그리워하는 경향)를 나중에 형성했기 때문이다. 친구들이 나를 포로미니(Porromini, 포로와 바로크 시대의 건축가 보로미니를 합성한 것) 또는, 르 포르지에(Le Porusier, 르 꼬르뷔제를 모방한 것)라고 부르기 시작했던 것도 그 무렵이었다.

당시 게으름 피워가며 읽은 책 중에 폴 발레리의 『에우파리노스 또는 건축가』가 있다. 그 책에서, 일찍이 콜린스에서 만난 아가씨의 이미지에 근거해, 사원을 설계했다라고 에우파리노스가 말한 것을 파이드로스는 회상한다. 그 사원의 균형은 아가씨 육체의 균형있는 수학적 표현이라고 한다. 건축에 대한 이 생각에는 쇼크를 받았지만, 이것이 어느 정도 나의 작품에 영향을 주었는지를 알게 된 것은 좀 더 나중의 일이다. 그것은 건축이 가질 수 있는 의미의 레벨 중 하나를 가르쳐 주었다. 그 후, 다른 건축가가 무엇을 생각하고 있을까를 알기 위해 노력하는 동안, 좀 더 다른 의미의 레벨도 알 수 있게 되었던 것이다.

나는 조형 학교를 거절했지만, 그로피우스로부터는 전통의 중요성과 어떤 종류의 아이덴티티의 표현으로서의 건축에 대해 배웠다. 그것은 여러 시기에 다양한 형태로 나타나면서도 편안함을 계속 유지하는 아이덴티티의 표현이었다.

매우 흥미를 가지고 있던 문제의 대답을, 나는 그에게 요구하려고 했다. 그것은, 예술 작품은 그 시대, 즉 문명의 어떤 한순간을 얼마나 표현할 수 있을까라는 물음이었다. 그의 설명에는 Giedeon의 『공간 · 시간 · 건축』 이상의 것은 없었다. 즉, 예술품은 기술 발전의 정도를 나타내고 있다는 생각이다. 하지만 나는, 좀더 깊은 의미가 있다는 것을 알고 있었다.

학교를 졸업하고 유럽에 온 나는, 르 꼬르뷔제 밑에서 일을 하려고 했지만, 그의 방식은 나와는 다르다는 것을 느꼈다. 그의 도시계획(Urbanism)은 비인간적이라고 생각했다. 이 거장이 자리를 비운사이, 거기서 일을 하고 있던 친구가 나를 불러, 나는 롱샹의 설계의 과정을 이해할 수가 있었다. 이것은 정말로 공부가 되었다. 이 작품에 대해 꼬르뷔제는 합리주의의 경직성을 거절하며, 자신이 가르친 것 모든 것을 부정하고 있었던 것이다. 사르트르의 무신론적 실존주의와 지나치게 닮은 무엇인가를 생생하게 바로크 풍으로 표현하기 위해서-그것도 교회에 있어!

라이트에 대해서는 이전부터 존경하고 있었지만, 파리의 에꼴 데 보자르(Ecole des Beaux)에서 열린 특별전에서의 그의 드로잉이나 모형은, 새로운 의미로 다가왔었다. 그 낭만주의(Romanticism), 즉 한없는 공간

La Courneuve의 집합주택

을 조종하는 그의 분방함이, 새로운 세계를 열어 주었던 것이다. 그 때 처음으로 나는, 그의 작품이 가지고 있는 상징주의를 느낄 수 있었다. 그가 만들어 내는 집들은, 초원적인 산과 같은 의미를 지니고 있다. 이집트의 피라미드와 같이, 치밀하게 계산된 윤곽을 지닌 산은 아니지만, 개방적이고 경계를 가지고 있지 않는, 언제나 흔들리고 움직이고 있는 것 같은 산으로서의 의미를 갖고 있었다.

아스풀룬트(Asplund)로부터 받은 영향은, 알토(Aalto)로부터의 영향 보다 크다. 그의 작품은 위대한 정신성을 가지고 있다. 그 건축은 기능을 명백하게 표출하고 있었다. 추상화와는 완전히 반대 방식으로 그는 기능을 초월했던 것이다. 화장터 설계에 있어서, 그는 죽음의 이미지와 생명의 영구성을 표현하고 거기에 묘지의 공간 전체를 끌고 들어왔다. 그것은 자연과 신과 인간과의 결합이었다.

그리고 가우디의 건물에 들어가게 되면, 괴물의 요동치는 내장 속으로 들어가는 것과 같음을 느낄 수 있다. 선과 악이 도처에 있는데, 후자가 약간 우세하다고 하는 느낌이 든다. 물론, 나는 20세기의 건축가로부터만 영향을 받은 것은 아니지만, 그들에 대해 배운 것에서 우리 시대의 건축이 무엇을 이루고, 무엇을 말하고 있는가를 알았다.

베네치아. 그 가로(街路)의 공간과 구조에 완전히 매료되어, 나의 도시의 개념은 완전히 변해 버렸다. 나의 작품의 하나 하나에, 작은 베네치아가 있다. 그 전부를 여기서는 접할 수가 없지만, 확실한 한 가지가 있다. 건축은 그 만큼을 (배경으로부터) 떼어내서 볼 수 없다는 것, 그리고 철학이나 문학이, 적어도 건축과 동일한 정도의 영향을 나에게 주고 있다는 것. 프로스트(Proust), 맨(Mann), 단테(Dante), 그리고 세익스피어는 어느 건축가에도 뒤떨어지지 않게 많은 것을 가르쳐 주었다.

나의 첫 작품은 하바나에 있는 주택 〈빌라 아르멘테로스〉로, 그 정신에 있어서 커다란 미스 풍(Miesian)이다. 그 후에 디자인하고 건설한 작품은 전통의 현대적 표현에 대한 당시의 나의 흥미를 반영하고 있다. 나는 쿠바의 전통의 한 측면을 채용하고 있었다. 그것은 낡은 형태의 반복이 아니라, 풍토와 정신성에 특히 밀착하고 있는 요소를 뽑아 채용한 것이었다. 그러한 집들은 대로를 향해 닫혀 있고, 파티오를 향해 열려 있으며, 셔터나 색유리를 통해 빛이 스며든다. 그것은 남 스페인에서 쿠바로 들어 온 건축의 전통이었다.

지금껏 나의 작품이라고 진심으로 생각한 최초의 건축은, 하바나의 〈미술 학교〉와 〈무용 학교〉이다. 이 작품은 모든 것이 가능하도록 보였던 시기, 즉 혁명이 로맨틱했을 무렵의 작품이다.

나는 혁명과 사랑에 빠졌고, 이 감정이 나의 건축에 새로운 개념을 반입했다. 그것은 내가 사는 세계와 나의 작품 사이의 대화의 결과였다. 건축의 의미를 추구하는 가운데 서서히 얻은 수법에 따라, 건물을 계획한 것은 처음 있는 일이었다. 다만 이 수법은, 나의 독자적인 것이라고는 볼 수 없을지도 모른다. 왜냐하면, 이것은 적어도 이집트의 피라미드가 만들어졌을 무렵으로부터 이용된 수법이라고 생각하기 때문이다.

디자인을 할 때, 나는 우선 기능, 즉 거기서 영위할 생활을 해석했다. 기능은 주위를 기울여 존중해야 한다. 그러나 일단 다른 기능의 적당한 배치에 대해 얼마의 가능성을 지켜본 후에는 그것을 형태로 번역하는데, 이 때는 강력한 이미지가 필요하다. 그 이미지는 기능과 모순되지 않고 전통이나 그 시대에 혹은 영원히 인류가 안고 있는 문제를 수없이 암시하지 않으면 안 된다. 바꾸어 말하면, 건축은 의미를 가지지 않으면 안 된다. 즉, 일상생활에 시적인 측면을 가져와야 하는 것이다.

여기서 나는 노발리스(Novalis, 1772–1801, 독일 초기 낭만주의 파의 시인, 철학자)의 말을 인용하지 않을 수 없다. "세계는, 공상화(空想化)되지 않으면 안 된다. 평범한 것에 신비적인인 측면을 주고, 기존의 것에 미지의 위엄을 주며, 그리고 유한한 것에 무한의 영광을 주는 것에 의해 나는 공상한다".

2개의 학교는 역사 있는 〈하바나 컨츄리 클럽〉의 골프 코스 위에 지어지게 되어 있었다. 〈미술 학교〉는 회화, 조각, 에칭을 위한 스튜디오, 그리고 강의를 위한 교실과 사무실을 포함하고 있었다. 가장 특징이 있는 공간은 스튜디오이며, 그곳에서는 학생들이 실제 모델을 관찰하며 배운다.
나는 그 스튜디오를 하나의 아레나 극장으로 의식하고 카탈로니아 볼트(Catalonian Vault)로 가렸다(이 이상의 "근대적인" 소재가 없다고 볼때, 수입에 의지해야만 하는 이 나라에서, 대공간을 가리는데 이 수법이 최적이었다). 바로 위로부터, 그리고 타원형의 공간의 모든 부분에서 빛이 스며들어온다. 스튜디오 군(群)은 다른 기능과 함께, 하나의 건물이라기 보다는, 오히려 마을과 같이 보이도록 배치되었다. 다른 레벨에 대해 나는, 이 건물이 쿠바의 문화를, 특히 그 강한 흑인적 요소를 불러일으킬 것을 바라고 있었다.
쿠바는 관능의 섬이다. 미풍이 신선한 공기를 가져와, 풍경은 온화하고, 사막이나 높은 산이나 야수와 같이 극단적인 것은 아무것도 없다. 여자들이 흔들거리며 걷는 방법 속이나 풍부한 토양 속에 관능은 잠복하고 있다. 스페인 문화는 거기에, 비관적인 인생관과 가장성(家長性)이 강한 가족 구조를 반입했다.
그러나 신생 쿠바에서는 노예나 흑인 유모들이 가져온 아프리카 문화의 영향 아래에서, 모든 것이 유연하게 되고 있는 것처럼 보인다. 만물의 근원을 중심으로, 그 주위를 모든 것이 돌도록 되었던 것이다. 쿠바를 이해하는데, 그 아프리카적 측면을 빠뜨릴 수 없다. 아프리카로부터 들어온 애니미즘과 가톨릭교와의 만남은 놀랄 만한 산물을 만들어 냈다. 순수한 가톨릭교는 거의 귀족 사회에만 잔존하고, 아프리카의 마술적 종교가 문화 전체에 침투해 갔다. 흑인의 신들과 백인의 성인(聖人)들이 재미있는 형태로 융합했던 것이다. 쿠바의 아프리카적 의식에서는 섹스가 중요한 역할을 완수한다. 남자와 대지와의 결합이 번식을 가져오는 것이고 자연은 어느 의미로 다산을 상징하는 여자인 것이다.

스페인 사람의 자손들이 만드는 건축은 몹시 온화한 바로크식이며, 모든 것이 오감에 호소적이다. 역사적 이유로서, 대중음악과 시(詩) 속에서만 흑인 문화는 그 표현의 장소를 찾아낼 수 있었다. 이 양쪽 모두의 문화를 반영한 건축을 나는 만들고 싶었다. 그리고 〈미술 학교〉는 마을과 같은 구성을 취하며 대지, 즉 여성의 이미지를 나타내는 것이 되었다. 현관의 3개의 보울트(vaults)는 좁은 거리로 공간을 쏟아내고, 그 거리는 보울트(vaults) 지붕의 복도에 양쪽 겨드랑이를 굽히며, 이윽고 중앙의 광장으로 도달한다.
회화 스튜디오나, 미술관이나, 에칭 작업실이 이 광장을 둘러싸고 있다. 거기에는 파파야 열매와 같은(파파야는 남국의 과일로, 쿠바에서는 성적인 의미로 여성을 강하게 암시한다) 조각이 있는 샘이 있으며 그리고 스튜디오군(群)의 타원의 보울트(vaults)는 분명하게 유방을 생각케 한다. 외부에 열린 복도의 열주와 가고일(gargoyles)은 일종의 리듬을 만들어 내, 학교 주위를 걸으면 영원히 그것이 계속되는 것 같은 인상을 받는다. 복도는 생물의 내부를 암시하며, 긴 잎을 가진 식재(植栽)는 생물적인 것으로부터의 인용을 보다 강조한다.
이 건물은 또 하나의 도시의 이미지로서 파악할 수가 있다. 그것은 에로스의 신으로 화하며 그 의미로 국민적 전통을 초월하는 인간의 근본적인 어떤 측면을 표현한다. 에로스는 인생이며 창조이다.

Dwellings in la Courneuve

Rue Balzac & Rue Debussy, La Courneuve, Val-d'Oise, France, Rucardo Por

작품설명

| 디자인 컨셉 |

건축가 Ricardo Porro는 파리 근교의 삭막한 도시에 새로운 풍경을 제공하고자 했다. 그는 파리교외에 집합주택을 계획하면서 보다 생동감 있는 디자인을 위해 정형에서 벗어난 유기적인 형태를 만들어 냈다. 3개의 동으로 구성된 집합주택은 가운데 광장을 형성하면서 나선형의 바닥패턴을 가지고 퍼져나가는 형태를 취하고 있다. 건물 매스도 이러한 형태를 취하면서 배치되어 있고, 특히 건물의 색깔을 강렬한 붉은색과 파란색, 그리고 흰색과 검은색으로 조합하여 주변 환경에 비해 생동감 있게 표현하고 있다.

| 프로그램 |

이 건물은 파리 교외 La Courneuve라는 곳에 위치하고 있다. 과거에 이루어진 파리 교외의 주택단지 개발이 비인간적으로 이루어졌다고 생각한 건축가는, 이러한 환경에 대한 반발로 이 집합주택을 디자인하였다. 보다 유기적이고 생동감을 가지는 디자인을 표방한 이 집합주택은 가운데 나선형의 바닥 패턴을 가진 광장을 두고 3개의 매스가 감싸면서 배치되어 있다.

주변의 주택단지 내에 위치한 이 집합주택은 가운데 광장과 연결된 2곳의 입구를 가지고 있고, 서로 관통하여 광장을 통과할 수 있도록 계획되어 있다. 모든 세대의 출입구는 이 광장 안에 위치하고 있고, 각 출구에 있는 비스듬한 출입구 캐노피는 입구의 인지성을 높이고 있다.

이 집합주택은 3개 동으로 구성되어 있고 각각 5개층 규모로 계획되었다. 콘크리트 구조로 지어진 이 건물의 외벽은 강한 색깔로 마감되어 전체적으로 강렬한 이미지를 주고 있다. 창들은 다양한 크기로 디자인되어 있고, 발코니는 광장 반대편에 위치하고 있는데, 삼각형으로 디자인되어 건물에 더욱 개성을 부여하고 있다.

- **광장** 바닥패턴과 매스들의 형태에서 마치 소용돌이치는 공간의 느낌을 준다.
- **발코니:** 광장 반대편에 위치한 발코니들은 삼각형으로 디자인되어 있는데, 평평한 입면에 규칙적으로 배치된 날카로운 삼각형 매스들은 강렬한 인상을 준다.
- **지붕:** 소용돌이치는 형상을 따라 디자인된 지붕선은 마치 바람개비 날개의 형상과 비슷하다.

넥서스 월드 하우징
Nexus World Housing

설계자인 렘 콜하스의 독특한 건축 개념에 근거하여 기존의 집합주택 건축에서는 쉽게 볼 수 없는 유형의 건물이 탄생하였다. 이 주택은 24호로 구성되었으며, 일종의 독립주거의 집합으로 볼 수 있을 듯 하다. 각각의 주호는 3층으로 구성되며, 12호씩 집합되어 "렘 동", 나머지 12호는 "콜하스 동"으로 각각 이름 붙여져 있다. 설계 단계에서 이 동은 장래 이 건물의 뒤에 계획되어있는 아라타 이소자키의 초고층 동의 기초, 즉 "초석(Sockle)"으로서 위치하고 있으며, 높이가 낮게 되어 있다. 칼라 콘크리트로 만들어진 검은 외벽은 일본의 성곽에서 사용하는 "거석 쌓기"의 모양으로 이루어져 있어 이 건물을 특징짓고 있다. 이 외벽에 둘러싸여 주변 〈트윈 타워〉에서 바라보는 시선으로부터 프라이버시를 보호하고 있으며, 그 때문에 폐쇄적인 평면이 이루어져 있다. 각 주호(住戶)로의 접근은 북측에서부터 경사로를 통해 이루어진다. 인접해 있는 주거 역시 벽으로 완전히 차단되어 있다. 각 주호는 수직방향으로 전개되며, 개인적인 공간인 중정을 둘러싼다. 이 중정은 주호를 수직방향으로 관통하며, 외벽으로 둘러싸인 주호에 이곳으로부터 빛과 공간 그리고 바람을 제공한다. 주호의 평면은 3층 보이드인 메조네트와 2층 테라스의 두가지 유형이 있으며, 1층에서는 개인적인 석정(石庭)과 현관, 2층에서는 침실, 3층에서는 거실, 식당과 같은 공유적인 공간으로 형성되어 있다. 각 주호의 종 방향으로 펼쳐져 있는 공간을 연결하고 있는 일직선으로 뻗은 철제계단을 오르면, 주변의 상황은 순식간에 변화되고 만다.

OMA의 건축사고과정

OMA는 네덜란드와 세계 건축계에서 뛰어난 평가를 받고 있다. 지어진 작품만을 가지고 그들을 평가하기는 어렵다. OMA는 대다수의 건물과 도시 설계 프로젝트를 수행했지만 무엇보다도 그들은 도시의 지속적으로 증가하는 인구 과밀 현상과 불안정성을 개선하기 위해 노력하는 연구를 계속하고 있다. 다시 말해서 대부분의 OMA 작품은 연구성과로서 평가되어야 한다. 이 연구물의 대부분은 디자인 과정에서 일어나며 실험적인 디자인의 형태를 띤 현상설계 과정에서 만들어진다. 그러나 그것은 독립적인 연구성과도 포함한다. 그것은 Rem Koolhaas의 저서 『Delirious New York』(1978), 『Bigness』, 『Atlanta』, 『Singapore Sonlines』, 『The Generic City』, 그리고 그의 대표작 『S, M, L, XL』(1995) 등에서 중요한 부분이다. 그의 마지막 이론적인 연구는 도시에 관한 하버드 프로젝트에서 계속 연구되고 있다. 그 주제는 아시아에서 초대형 도시의 증가 그리고 도시에서 쇼핑의 영향에 관한 것이다. 이들 프로젝트 모두는 현재의 시각과 건축의 정당성에 대해 자세히 연구된 것이다. 사실상 역설적이지만 Rem Koolhaas와 OMA의 전 작품을 통해 본다면 디자인 훈련으로서의 건축적인 전문성을 향한 급진적 회의주의로 설명될 수 있다. 실현되지 않은 프로젝트와 연구물을

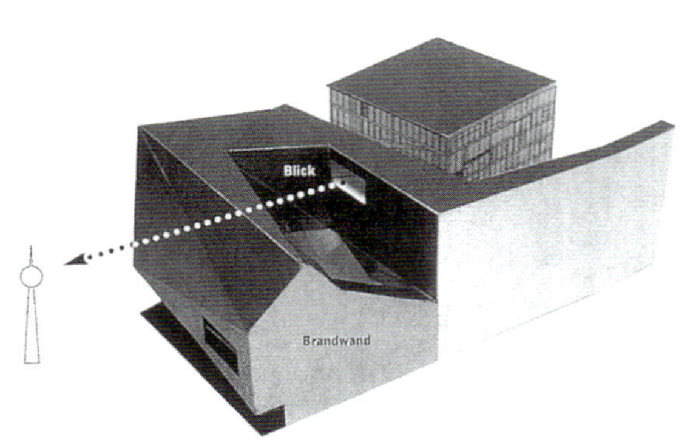

1

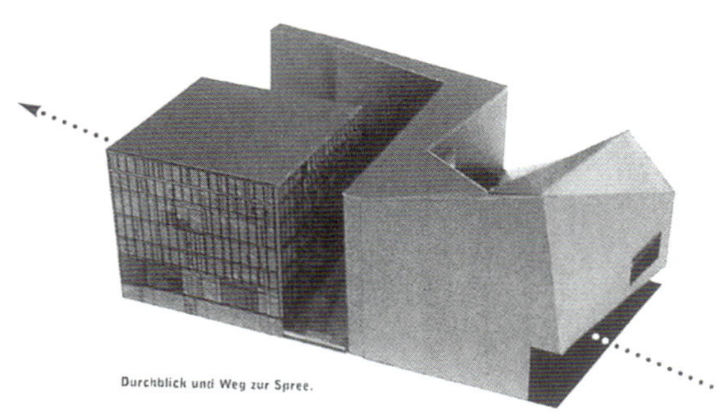

2

3

4

빼더라도 OMA는 급진적 방법으로 도시문화를 이해하고자 하였으며 일반적인 건축에 대한 이해가 아니었다. 이들 프로젝트는 빈번히 새로운 유형학으로 소개되었으며 이는 제2의 현대성에 대한 요구에 정확히 부합되었다.

지어지지는 않았지만 많은 영향을 끼친 좋은 예가 파리에 있는 〈Jussieu 대학 도서관〉(1993)이다. 그것은 다양하게 접혀진 연속적인 바닥표면으로 이루어져 있는데, 기존의 건물 아래로 공공 데크를 천천히 연장하고 있다. 거기에는 벽이 없고 파사드는 적절히 디자인되어 있어서 각 층을 자유롭게 배치할 수 있다.

OMA는 같은 "접힌 바닥(folded-floor)" 이론을 〈Educatorium〉(1997)에 적용했는데, 건물의 요구사항은 층 배치의 전체적인 자유로움을 포기하게 하였지만, 한편으로 그것은 유트레히트(Utrecht) 대학의 교수진과 함께 쓰는 중앙시설을 제공한다. 두 개의 대형 강의 홀과 검사실은 제외하고, 1000석 규모의 카페테리아, 학교 관계자들을 위한 레스토랑, 1000대의 자전거 주차장을 포함한다. 그것은 매우 넓은 학교부지와 수많은 건물에 흩어져 있는 학교측의 30,000명의 스텝들과 학생들의 만남의 장소로 계획되었다. OMA는 또한 캠퍼스의 마스터플랜을 준비했는데, 이는 여러 개의 흥미로운 건물들, 즉 Neuteling의 〈Minnaert Building〉, Mecanoo의 〈경영, 경제 학부 건물〉, 그리고 장래 지어질 Wiel Arets가 설계한 〈도서관〉과 UN Studio가 설계한 〈연구소〉 등을 포함한다.

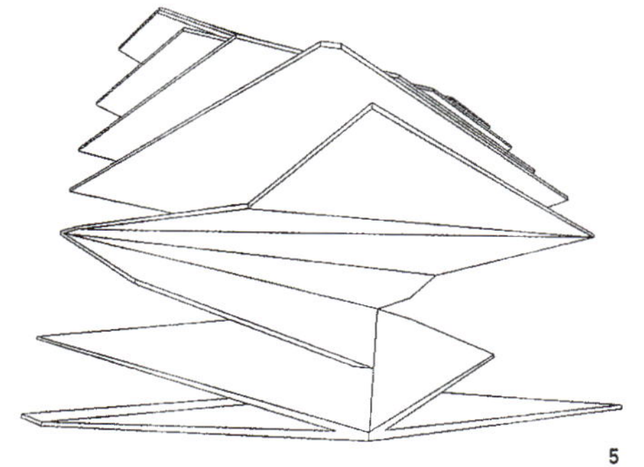

이 〈Educatorium〉의 경사진 바닥은 완전히 새로운 공간경험을 하게 하는데, 이는 어디서 외부가 끝나며 내부가 시작되는지를 알기 어렵게 한다. 변화를 알아차리지 못하고 문을 통과하기 때문에 어떤 계단 실이나 경계를 관찰하기 어렵고 방문자들은 건물로 미끄러져 들어가는 것이다.

안으로 들어가 보면 계단실이 여기 저기에 있지만 한 층에서 다른 층으로의 움직임을 알아차리기 어렵고, 브리지로 연결된 수직적인 깊이 감이 그런 혼란을 가중시킨다. 어떤 계단들은 경사진 바닥의 연장으로서 조심스럽게 세워져 있으며, 오디토리움의 내부 그리고 그것에 면해 있는 계단들이 수행하는 것과 같이, 그 오른쪽에는 다른 것들이 기념비적인 공간을 형성하고 있다. 그곳을 지나면서 사람들은 컴퓨터에서 가상공간을 경험할 때와 같은 느낌, 즉 왼쪽, 오른쪽 앞, 뒤 그리고 위, 아래로도 갈 수 있는 통로가 있는 것 같은 느낌을 갖는다. 또한 거기에는 또 다른 대담한 제스처가 있는데 상층에 유리로 된 바닥이 있어 사용자와 공간구조를 직면하게 함으로써 공간에 떠 있는 듯한 느낌을 주는 것이다. 바닥과 복도 벽은 빛나고 반사되어 투명하거나

넥서스 월드 하우징

조명으로 인해 면으로 인식된다. 재료와 시공은 강의실과 검사실에서 중요한 역할을 한다.

로테르담에 있는 〈KunstHAL〉(1992)은 전쟁 이후 필요성이 제기되어 왔던 도시의 전통 축제의 연속선상에서 계획되었다. 이 건물에는 미술관과 대형 오디토리움, 레스토랑을 포함하고 있는데, 건물의 단순한 형태는 사용자가 다른 길과 공간의 연결을 하게 하여 결국 프로그램 사이의 다양한 연결을 만들게 한다. 상자형태이지만 매듭으로 묶여있다. 즉, 건물은 경사로에 의해 나뉘어지며 그것은 미술관 공원(OMA가 Yves Brunier와 같이 디자인한 공공의 장소이다)의 저층 레벨에서 강이 있는 상층 레벨로 인도하며 같은 호수 옆의 길을 가로질러 놓이게 된다. 전시공간을 제외한 모든 대규모의 공간은 유리로 되어 있고 내부는 직사광선에서 보호된다. 주변 조경은 건물 내부로 끌어 들여지며 그 연속성은 루프 가든에서 절정을 이룬다. 그 정면은 공원을 면하고 있는 자연석과 길과 양옆의 자연스런 콘크리트로 특색을 이룬다. 서비스 타워는 고속도로에서 보이는 광고판을 가지고 있다. 공원 옆에 있는 아래층 홀은 나무로 된 기둥을 가지고 있으며 그 오디토리움은 커튼에 의해 더 작게 나눌 수 있고 완전히 펼쳐졌을 때는 서커스 텐트같이 보인다.

〈Congrexpo〉(1994)은 프랑스 Lille에 지어진 것으로 OMA가 디자인하였으며 도시 계획에서 중요한 건물이다. 파리에서 브뤼셀과 영국으로 가는 고속전철의 확장으로 이 조용한 시골도시가 전략적으로 중요한 위치가 되었고 OMA의 계획은 역사·적 중심지 옆에 있으면서 쇼핑 몰과 사무실, 호텔과 새 전철역사를 갖는 새로운 상업구역으로 만드는 것이었다. 거기에는 또한 컨퍼런스 센터와 전시관도 있다. 이들 두 가지 기능을 공존시킨다는 것은 〈Congrexpo〉가 두 가지를 다양하게 조합해야 함을 의미한다. 주 오디토리움은 록 콘서트를 할 수 있을 만큼 커야 했다. 단편적으로 이루어진 디테일에도 불구하고 그것은 거대한 건물이며 커다란 감명을 준다. 그 마감은 의외로 단순한데 저 예산과 시간제한으로 인한 것이다. 바와 화장실은 미니멀리스트인 Joep Van Lieshout에 의해 디자인되었다.

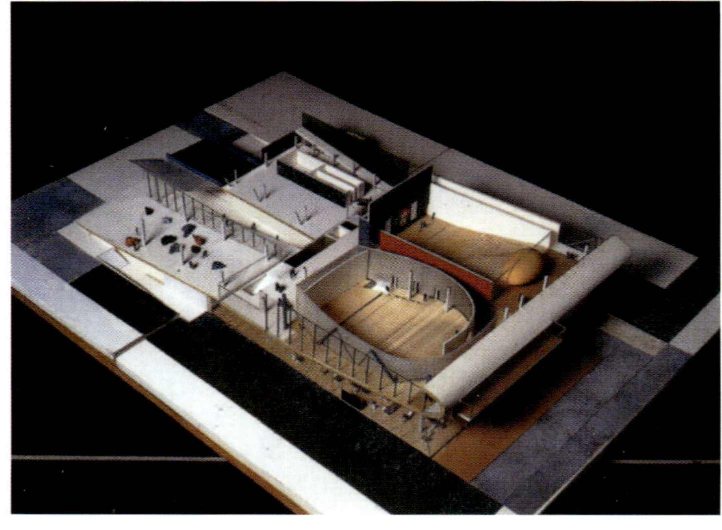
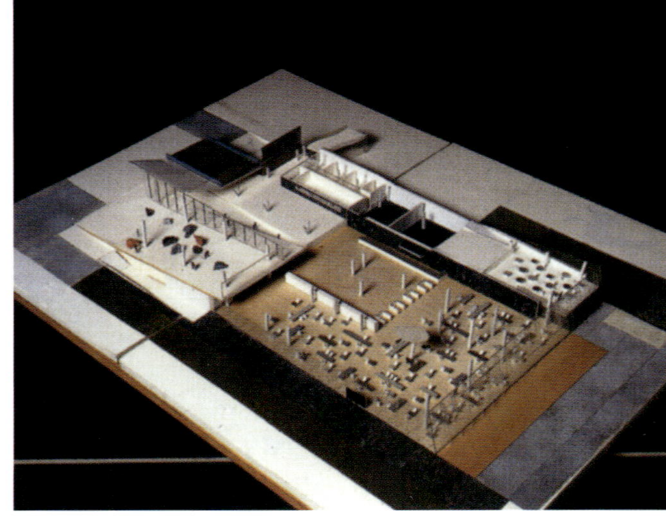

1920년-1930년대의 현대 건축의 거장시대의 많은 건축가들처럼 OMA도 주거유형에 대한 실험을 하였다. 이들은 후쿠오카(1991)의 경우처럼 대규모 주거단지계획에 뿐 아니라 일련의 개인주거에 대해서도 관여하였다. 파리에 있는 〈Villa dall'Ave〉(1991)와 〈Villa Bordeaux〉는 OMA가 이후에 디자인 한 것을 명백히 보여준다. 두 주택의 경우 거실공간은 가능한 한 자유롭게 남아 있는데 가구배치나 커튼을 자유롭게 하기 위함이다. 이들 벽은 투명하고 부분적으로 열리거나 전체적으로 열리게 되어 있다. 1층 평면은 〈Villa dall'Ave〉에서처럼 랜드스케이프와 섞이게 되며 〈Villa Bordeaux〉처럼 주변으로의 조망을 제공한다. 거실 레벨은 침실과 스튜디오 그리고 다른 방들로 이루어진 두 개의 층 사이에 있게 되는데, 이들은 가능한 한 분리되어 있다. 〈Villa dall'Ave〉의 경우, 수영장이 부모의 침실과 딸의 침실 사이에 있으며 1층은 개인적인 연구실이 있었다. 그래서 이들 가족은 흩어져 있고 개인적인 구성원들이지만 중간층에 있는 융통성 있는 공간에서 자유롭게 다시 모일 수 있다. 계단실의 독창적인 시스템과 램프는 개인 방과 공공공간을 연결시켜준다.

〈Bordeaux House〉는 마치 리프트처럼 집을 오르내리는 방이 있다는 것이 특징이다. 기본적으로 장애인 클라이언트가 휠체어를 타고 집안을 쉽게 다닐 수 있어야 하기 때문에 그 해결책은 리프트의 잠재적인 적용에 대해 매력적으로 생각하던 렘 쿨하스와 잘 맞아떨어졌다. 그가 뉴욕에서 공부하고 있을 때부터 그 가능성

10

11

넥서스 월드 하우징

을 이미 발견했지만 그는 수년간 더 디테일 한 부분까지 천천히 연구했으며, 예를 들면 뉴욕의 〈현대미술관 증축계획〉(1998)과 〈Hyperbuilding〉(1997)에서 이를 찾아볼 수 있다. OMA의 개인주택의 구조는 그들을 컨덴서(condenser)로서 행동하게 한다. 문자 그대로 그들이 노력하는 분야인 역장(力場, force-field)과 형태를 통해서도 그렇지만 형태적으로도 러시아 구성주의의 사회적 컨덴서의 전통을 가지고 있는 것이다.

OMA가 사진작가인 Erwin Olaf와 공동설계 한 공공 화장실은, 작지만 그들의 다른 작품들만큼 사회적 컨덴서이다. 오랫동안 게이들의 만남의 장소였던 지점에 위치해 있고 여름에는 포장된 도로 위에 테이블을 내놓는 카페들과 반대에 위치해 있다. 남, 녀의 화장실로 이루어진 구조는 골진 유리로 된 벽을 공유하면서 분리되어 있다. 그 유리벽에는 Erwin Olaf의 작품인 〈'the Battle of the Sexes〉가 그려져 있다. 그 디자인은 매우 섬세하며 –필립 존슨의 글래스 하우스와 비슷한 파빌리온이다 –스텐레스 스틸로 된 화장실 팬, 모자이크된 소변기, 대형의 유리가 보석처럼 끼워져 있는 지붕을 가지고 있다.

렘 쿨하스는 그가 설계한 건물들이 그 자체의 독창성에도 불구하고 가끔 보수적인 건축으로 여겨질까 봐 우려를 나타낸다. 그러나, 그것은 지적인 건축이고 민감하게 프로그램과 컨텍스트에 대응하고 있으며 변화를 유발하는 힘을 가지고 있기 때문에 건물이 큰 규모이건 작은 규모이건 간에 유효한 것이다.

13

14

16

15

17

18

19

20

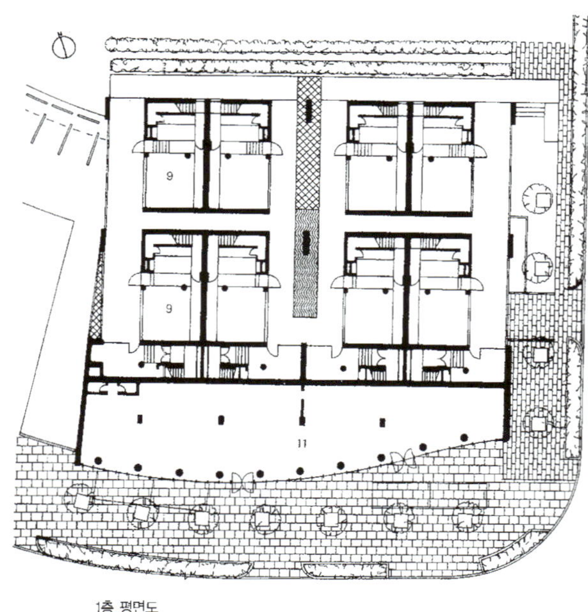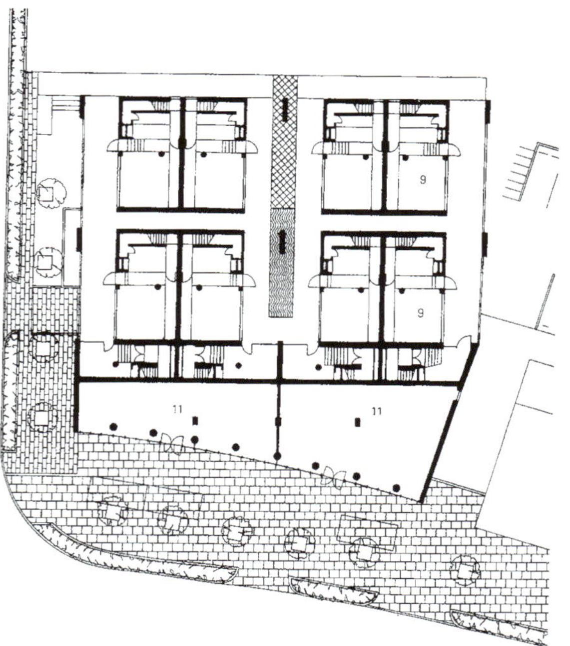

1층 평면도

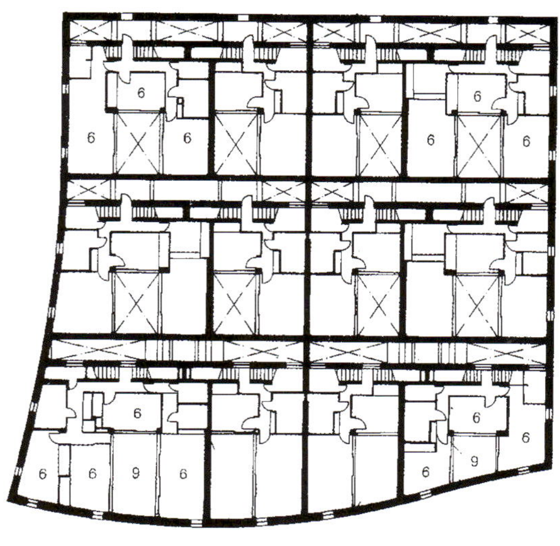
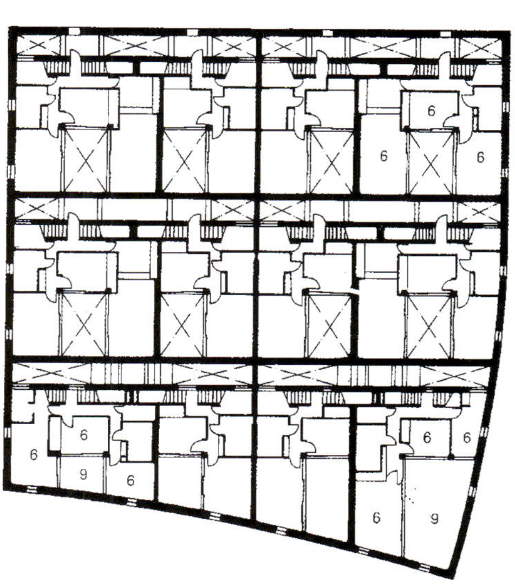

2층 평면도

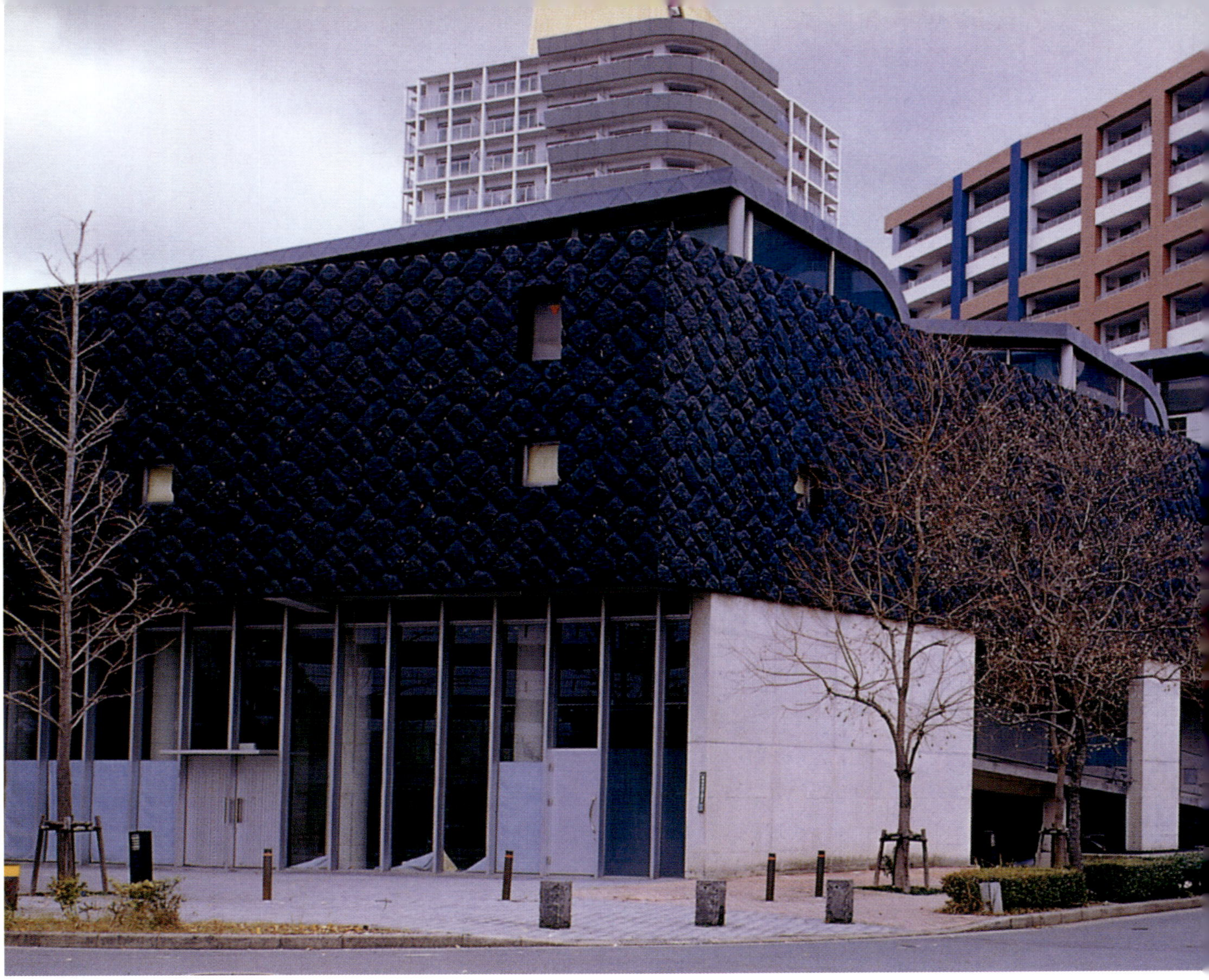

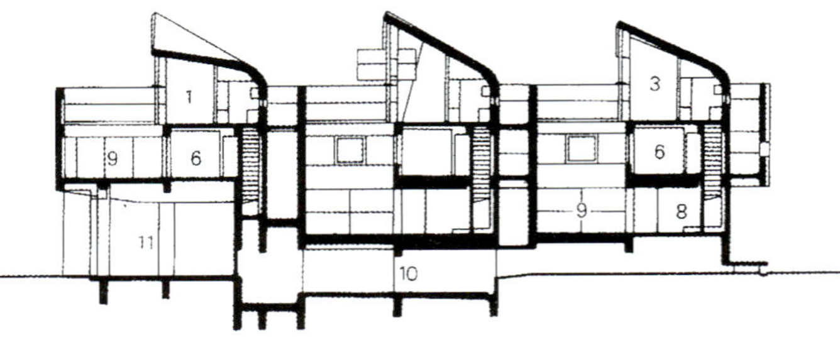

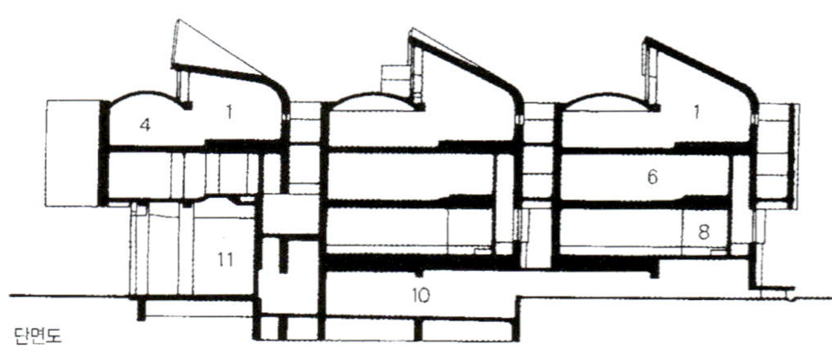

1. DINING ROOM
2. KITCHEN
3. LIVING ROOM
4. STUDY ROOM
5. ROOF TERRACE
6. BEDROOM
7. BALCONY
8. ENTRANCE
9. INNER COURT
10. PARKING
11. SHOP

D'Abraxas 집합주택
D'Abraxas Housing

이 건물은 고전적 건축언어를 표현한 집합주택으로서 전체 3개의 매스로 구성되어 있다. 타워를 이루고 있는 매스는 주변 언덕 위에서 더욱 돋보이고 있고, 반원형 아치를 그리는 매스는 계단식 극장의 중정을 형성하면서 서있다. 그리고 중정 가운데 개선문 형태의 매스가 들어서 있다. 이러한 배치에서 가운데 중정을 가로지르는 축이 열려있어 전체 공간을 하나로 연결시키고 있다. 전체 입면은 창과 기둥의 배열로 구성되고 있는데, 특히 고전적 기둥양식을 적용하고 있으며, 기단과 기둥, 페디먼트로 구성된 일반적인 양식을 따르면서 디자인적으로 변형을 주고 있고, 몇 개 층이 연결된 기둥들은 특히 수직성을 강하게 표현하고 있다.

3개의 매스는 18층 규모의 한 동과 9층 규모의 두 개동으로 디자인되었다. 전체 건물이 석재로 마감되어 있고, 다소 과장된 기둥들이 입면에 코어 매스를 형성하면서 디자인 요소로 쓰이고 있다. 창과 기둥이 번갈아가면서 배열되어 있는 입면은 창의 규칙적인 배열과 다양한 형태의 기둥 디자인의 사용으로 복잡한 입면을 만들어내고 있다.

Ricardo Bofill의 건축사고방식

건축가는 대표작에 의해 그 이미지가 고정화되기 쉽다. 카탈로니아의 천재, 리카르도 보필(Richardo Bofill)에게도 그의 이름을 세상에 알리게 한 〈왈 덴 7(Walden 7)〉(1975)이 항상 따라다니고 있었다. 그러한 평가는 전혀 무리한 것이 아니다. 그의 데뷔작인 〈이비자의 베케이션 하우스(Vacation House Ibiza)〉(1960)로부터 〈바하 가로의 아파트(Apartment Building in J.S. Bach Street)〉(1963), 〈성 그레고리오 광장의 아파트(Apartment Building at Plaza Gregorio)〉(1965), 〈니카라구아 가로의 아파트(Apartment Building ain Nicaragua Street)〉(1965), 〈바리오 가우디(Barrio Gaudi)〉(1968), 〈카프카 성(Kafka's Castle)〉(1968), 〈샤나두(xanadu)〉(1968), 〈붉은 벽(The Red wall)〉(1975)등 R. 보필이 추구해 온 카탈로니아 지역주의라고도 해야 할 일련의 집합주택 디자인의 귀결이 〈왈 덴 7〉에 집약되고 있기 때문이다.

이들 초기의 15년 간의 작품에는, 강렬한 일사와 덥고 건조한 지중해의 풍토성, 그리고 지중해 문명이 갖는 미로성이 현저하게 반영되고 있다. 카탈로니아의 전통적인 건축에서 영향을 받은 보필은 그 특징 있는 수공예적인 요소를 초기의 작품들에서 많이 전개하고 있다. 그 중에서 〈바리오 가우디(Barrio Gaudi)〉는 지금까지의 집합주택들을 일괄해서 하나의 하우징 유형학을 완성한 작품으로써 중요하다.

타라고나 주(州)의 레크스에 완성한 이 집합주택은 기하학적인 조형 요소를 기초로 한 방법론으로 구성되어 있다. 평면상의 기본 요소는 정방형이다. 보필은 이 정방형 모듈을 다수 조합시켜 중앙에 보이드를 지닌 정방형에 가까운 하나의 클러스터를 만들고 이 클러스터를 연쇄적으로 배치함으로서 전체를 구성하고 있다.

그 후, 〈바리오 가우디〉의 컨셉은 〈카프카 성〉, 〈샤나두〉, 〈붉은 벽〉으로 계속되어, 마드리드의 〈시티 인 스페이스〉 프로젝트에서는 이론적으로 비약된 전개를 보여주며, 더욱이 〈왈 덴 7〉으로 결실을 맺고 있다.

이 〈왈덴 7〉은 대도시의 교외 환경에 있어, 건축적 기념비성을 갖는 풍부한 조형 실루엣을 보이고 있다. 그것은 커뮤니티의 결여나 집단 활동의 쇠퇴, 혹은 개인이 참가 할 수 있는 퍼블릭 스페이스의 상실이라는 오늘날의 도시가 안는 문제에의 해답을 제시하고 있다. 이러한 중요한 의의에 더해, 형태적인 특성으로 넓리 사람들에게 알려진 〈왈덴 7〉이 보필의 대표작으로 인지되고 있었던 것이다.

Richardo Bofill/

1

2

3

4

리카르도 보필을 연상할 때, 〈왈덴 7〉은 그의 디자인으로 정착되어 버렸다. 그런데, 보필의 사무소는 〈타리엘 데 아르키텍투라(Tarile de Architectura)〉로 세상에 알려진 학문적인 두뇌집단이다. 단순한 설계 집단이 아닌 것은 주지의 사실이다. 건축가, 디자이너, 수학자, 음악가, 시인, 철학자를 결집하여, 보필이 〈타리엘 데 아르키텍투라〉를 창설한 것은 약관 24세라고 하니, 그 조숙함은 쉽게 상상할 수 있다. 재기 발랄한 젊은 보필은 이 집단을 인솔하여 주로 집합주택을 스페인에서 전개해 왔다.

그런데 이 〈왈덴 7〉을 경계로, 그는 단번에 프랑스로 진출한다. 당시에는 세상을 주름잡던 것이 포스트모던이라고 로버트 벤츄리가 말하고 있듯이, 그 경향은 서서히 진정한 포스트모던으로부터 유리 된 단순한 표층에 대한 분할적인 디자인으로 빠져 갔다. 1971년, 이미 파리에 오피스를 설치한 보필은 1975년의 〈레 아르(Les Halles)〉 현상 공모에 당선되어, 한 때의 카탈로니아 지역주의로부터 고전적인 방향으로 궤도를 수정해 간다. 그것은 활동의 범주가 자국 스페인으로부터 이웃나라 프랑스로 비중을 옮겨왔기 때문이라 할 수 있다. 이 시기의 그의 고전주의적인 디자인 감각은 프랑스에서 대대적으로 수용된다.

〈레 아르(Les Halles)〉는 외관의 고전주의적 치장에 의해서 포스트모던으로 평가받아 왔지만, 보필은 그것을 부정한다. 고전 건축 특유의 균제 된 형태적인 비례와 공간적인 하모니를 현대의 테크놀로지를 구사해 재창조한, 말하자면 고전과 현대의 융합을 체현한 건축이라고 보필은 강조한다. 이것을 보필은 "모던 클래식"이라고 부른다. 그런데 이 〈레 아르(Les Halles)〉의 대 프로젝트는 프랑스 정부의 정권 교체에 의해 실현되지

5

6

D'Abraxas 집합주택

않고 끝난다. 그러나 그 후, 〈레 아르(Les Halles)〉에 의해 프랑스에서 할 수 있던 활동의 범위는 크게 늘어나서, 〈아브라크사스(Les Espaces d'Abraxas)〉, 〈르 락(Le Lac)〉, 〈더 그린 크레센트(Green Crecent)〉, 〈바로크(Les Echeiles Baroque)〉 등을 통해 정부 출자 집합주택을 다룬다. 모두 고전적인 형태를 취한 프리페브 공법으로, 새로운 건설 기술을 이용한 비용 효과면에서 좋은 건축이었다.

이들 파리의 〈타리엘 데 아르키텍투라〉의 프로젝트에 병행해, 바르셀로나 오피스에서는 도시계획의 일이 진행된다. 알제리아의 프로젝트를 비롯해 프랑스에서는 몽펠리에 시(市)의 〈안치고누(Antigone)〉, 스페인에서의 일련의 마스터플랜 등, 보필은 이 시기부터 본격적으로 도시적인 방향으로 선회한다. 특히, 〈안치고누〉는 몽펠리에 시의 역사적 중심 가구에 인접한 거대도시 개발이다. 1960년대의 〈폴리고누 쇼핑 센터〉 단부로부터 레즈강의 제방을 향한 도시축을 따라 고전적인 질서를 지닌 공간군(群)을 병설한 것으로, 지금까지 보필이 다룬 최대 규모의 도시 디자인이다.

〈안치고누〉는 현대 프랑스 연극계에 수많은 명작을 남긴 쟌 아누이(Jean Anouiln)의 걸작 비극으로서 알려져 있지만, 실은 그런 문학적인 측면에서 붙일 수 있었던 이름은 아니다. 앞의 〈폴리고누 쇼핑센터〉가 너무 심한 도시 개발이었기 때문에, 보필은 그 열악함에 경종과 아이러니를 담아 인접한 자신의 작품에 "반(反)"(안티)의 뜻을 주었던 것이다. 어쨌든 도시 중심부의 재구조화(restructuring)에 대해, 모던 클래식의 건축 언어를 마음껏 발휘한 훌륭한 역사적 접근방식을 보여 주었다. 1985년에 완성을 본 〈안치고누〉 이후, 〈타리엘 데 아르키텍투라〉는 스웨덴, 벨기에, 네덜란드에서의 현상공모에 당선되어 급속히 국제적인 명성을 얻게 된다.

또한 동시에 그들이 설계하는 건축 유형학도 많아진다. 〈바르셀로나 공항〉, 〈마드리드 콩그레스 센터〉, 〈랄스날 오디토리움〉 〈라이스 대학 음악학부〉, 〈지중해 협회〉, 〈카탈로니아 국립극장〉 등의 문화 공공 시설이나,

7

8

9

〈스위프트 본사〉, 〈마르쉐 산트노레〉, 〈77 웨스트 워커 드라이브〉, 〈유나이티드 아로즈〉 등의 오피스, 상업 시설들이 즐비하다. 그 중 〈유나이티드 아로즈〉의 오프닝 때 일본을 방문한 보필을 쉽게 만날 수 있었다. 아래는 리카르도 보필과의 짧은 대화이다.

"최근 노만 포스터와 일을 하고 있다고 들었습니다만…"
R.B: "브뤼셀의 현상설계에서 당선되었습니다. 실제 그와 하는 일은 이것이 처음입니다."

"그런데 당신과 포스터씨는 완전히 다른 작품 경향을 보이는데 말이죠."
R.B: "그는, 건축 디자인은 디테일에 있다고 해도 좋을 정도로, 디테일이 훌륭한 작품을 만듭니다만, 나는 컨셉 쪽을 중시하고 있기 때문에, 두 사람이 함께 일하면 상부상조가 되어 분명 좋다고 생각했어요."

포스터와는 지금부터 일을 시작하고 싶다고 한다. 세계의 유명한 건축가들끼리 현상 공모나 실무에서 협력한다. 이것은 모름지기 강력한 팀이 될 것이다. 금세기에 와서, 이와 같이 건축가들이 협력하는 새로운 설계 형태가 유행할지도 모른다. 보필은 이와 같이, 상황에 따른 임기응변의 융통성이 풍부하다. 〈타리엘 데 아르키텍투라〉가 현재 300명의 다국적인 스탭을 고용한 글로벌적인 설계 집단으로 성장한 것도 충분한 이유가 있는 것이다.

10

11

HAUS AM CHECKPOINT CHARLIE
DIE LETZTE
KREMLFAHNE
THE LAST
KREMLIN FLAG
HAUS AM CHECKPOINT CHARLIE
MUSEUM 9.00-22.00
HAUS AM CHECKPOINT

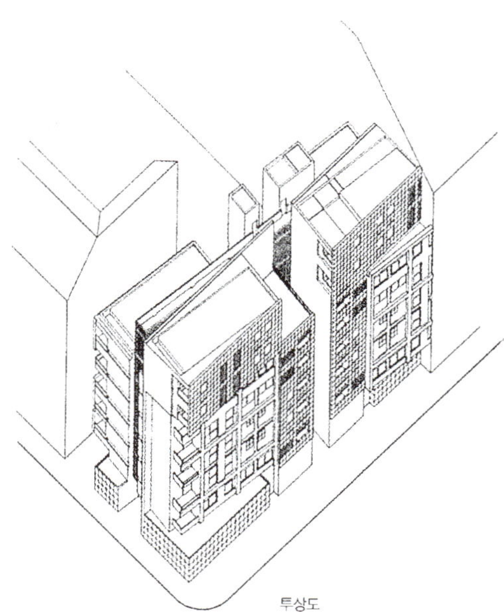

투상도

배치도

MUSE 9.00-22 MUSE HAUS AM CHECKPOINT CHARLIE
Kochstraße

Nemausus 1 공공 집합주택
Nemausus 1 Public Housing

장 누벨이 디자인한 이 건물은 주요 기준으로서, 바닥면적이나 공간감에 있어 풍부한 공간이라는 원칙이 채택되었으며 주문에 의한 평면들은 단층형, 복층형 그리고 3개 층형의 폭넓은 다양성(114세대의 주호를 위한 17개의 모델)을 갖는 동시에 모두 두 방향의 방향을 갖는 계획으로 이루어져 있다. 또한 커뮤니티를 위한 실내 공간은 최소화되어 있는데, 북측 파사드로부터 외부계단과 보도를 통해 각 주호까지의 접근이 이루어지고 있다. 남쪽 파사드에는 넓은 테라스 발코니가 있고 얇은 콘크리트와 알루미늄 피복을 사용하여 손쉽게 건설된 듯한 느낌을 부여하고 있는 것이 특징이다. 장 누벨의 건축은 이렇게 외부에서 보았을 때, 첨단의 경량재와 건식 구조재를 사용하여 현장 조립 내지는 조인트와 같은 디테일에 충실함으로서 하이테크와 같은 이미지를 주고 있다. 그의 초기의 작품 중 하나인 파리의 〈아랍 세계 연구소〉에서도 역시 장 누벨의 디자인 발상의 특성과 개념을 선취하고 있는 모습을 확연히 알 수 있다.

건물의 전체적인 구조체계는 주요 골조로 철골재와 철근 콘크리트조의 혼합이 주류를 이루고 있다. 건물의 벽체들은 일부 철재 판넬을 사용한 곳도 있지만 전체적으로는 콘크리트 재료가 사용되었으며, 간벽들 역시 철근 콘크리트로 처리되어 있는 것이 특징이다. 계단과 복도는 모두 철재를 사용하고 있는데, 이러한 재료는 전체 건물에 기계적인 이미지와 함께 첨단의 인상을 부여하고 있다.

Jean Nouvel의 건축사고방식

파리 5월. 신선한 마로니에의 나무들에 초여름의 태양 빛이 한층 아름다움을 더한다. 라스파이유 가로(街路)에 있는 〈카르티에 재단 빌딩〉도 푸른 새 잎의 마로니에 너머로 그 아름다운 모습을 나타냈다. 장 누벨의 최근작인 〈카르티에 재단 빌딩〉은 그 평판대로 장 누벨 자신의 첨예한 아이디어의 대다수가 들어간 보기 드문 수작이었다. 다음은 장 누벨과의 간단한 대화이다.

"〈카르티에 재단 빌딩〉의 1층 전부를 오픈 한다고 하는 터무니없는 아이디어는 도대체 어떠한 이유에서 나왔습니까."

J.N : "그 장소에는 〈아메리칸 센터〉가 있었고, 이는 프랭크 게리의 디자인이었기 때문에 다른 곳으로 이동했습니다. 그런데 남겨진 부지의 배후에 있는 수목들은 샤토브리앙(Francois-Rene de Chateaubriand)이 심은 것으로 매우 유서 있는 것입니다. 그러나, 건물이 세워지면 그 수목들이 도로 측에서 안보이게 되므로, 어떻게든 건축 공간과 일체화시키고 거리를 걸어가는 사람들에게도 보이는 것을 생각한 것입니다. 그래서 1층의 전시 공간의 문을 모두 열고 개방한다는 아이디어가 태어났습니다."

파리 사람들의 점심식사는 길다. 와인으로 얼굴을 붉힌 장 누벨은 몸짓 손짓을 섞어 잘 설명해 주었다. 외모는 박력있는 모습을 하고 있으며, 말하자면 매우 상냥하고 유머의 센스가 풍부하며 친절하다. 〈카르티에 재단 빌딩〉은 사무 공간과 전시 공간을 서로 합한 건물이다. 대로에 대해서 평행하게 배치되어 중앙에 주 줄입구가 있으며, 그 양측으로 1~2층 보이드의 거대한 전시 공간이 있다. 전면 유리벽의 두 개의 대공간은 도로에 평행한 2면(도로측과 정측)의 거대한 미닫이문이 건물의 외부까지 연장된 스틸제의 상인방과 문턱으로 나타나, 1~2층은 거대한 필로티화 된다. 배후의 정원 공간이 이 전시 공간으로 침입하여 양자는 일체가 된다.

Jean Nouvel/인물사진

1

2

3

1 카르티에 재단 빌딩/파사드
2 카르티에 재단 빌딩/가로측 입면
3 카르티에 재단 빌딩/야경
4 La Coupole Cultural Center
5 CNRS Scientific and Technical Documentation Center
6 CNRS Scientific and Technical Documentation Center

이와 같이, 장 누벨의 작품은 항상 참신한 아이디어로 가득 차 있다. 이는 그의 근년의 작품들을 보면 보다 현저하다. 예를 들어, 그의 대표작이 될 〈무한의 탑(La Tour Sans Fin)〉의 슬랜더 한 타워의 독특한 특징은, 우선 기단 부분이 없고 반대로 깊이 35m의 크레이터 안에서부터 세워져 있는 점이다. 재료의 그레데이션에 의해 상부로 가면서 외벽이 비물질화(dematerialize) 되며, 스스로를 구름 사이에 사라지게하여 무한하게 계속되는 인상을 준다.

토르(Tours)의 〈토르시 국제회의 센터(Congress Center)〉는 매미와 같은 곤충적인 형태가 특징이며 잘 알려진 바와 같이, 〈아랍 세계 연구소〉는 카메라의 조리개와 같은 창문 패턴으로 세계적으로 알려져 있다. 님(Nime)의 〈네모쥬스 1 사회 주택(Nemausus 1 Social Housing)〉은 선형의 집합주택이 펀칭 메탈의 차양과 난간으로 덮여 있는 완전히 새로운 집합주택이다. 보르도의 〈호텔 산 제임스(Hotel Saint-James)〉는 건물 전체가 적갈색의 스틸 메쉬로 덮여 있지만 내부는 호화로운 호텔이다. 게다가 창 부분의 메쉬는 전동으로 밀어 올리는 창의 독특한 특성이 돋보인다.

더욱이, 현재 베를린에서 완성된 〈갤러리 라파이에트(Gallery Lafayette)〉에도 간이 콩알만해질 것 같은 아이디어가 포함되어 있다. 단면에서 보면, 원추형과 역원추형의 보이드 공간이 다수의 건물을 관통하고 있으며, 특히 중앙에 있는 거대한 원추형은 옥상에 이르고, 아래에는 지하 4층의 주차장에까지 도달하는 역원추형이 있다. 이 상하로 성장하는 원추형의 대공간의 표피에 해당하는 벽면에는 이미지 메세지가 곤충적인 형태의 역의 프로세스로 출현한다. 실로 새로운 백화점이 아닐까.

그 외에도 〈미디어 파크(Media Park)〉, 〈온천 호텔〉, 〈루체른 문화ㆍ회의 센터〉, 〈국립 과학 기술 정보 센터〉 등, 장 누벨의 작품에 대해 디자인상의 창의성을 운운하면 셀 수 없을 정도이다. 그의 작품은 어째서 매회 참신한 아이디어로 가득 차 있는 것일까. 그 비밀은 현상설계에 있다. 예를 들어, 그는 벌써 100개 이상의 현상 설계에 응모하고 있다고 한다. 승률은 그다지 좋지 않지만, 공모 디자

4

5

6

인의 정신이 그의 전 작품에 침투하고 있는 것은 사실이다. 즉, 현상 설계는 경기이며 싸움이기 때문에, 승리가 궁극의 목적이다. 장 누벨은 매회 다른 것을 압도하는 듯한 신선한 아이디어를 내는 트레이닝을 해 왔다고 말할 수 있다. 그의 대부분의 작품이 현상 공모작이며, 그것들이 각각의 시대를 넘는 듯한 선진 아이디어를 숨기고 있는 이유가 여기에 있다.

프랑스 건축계에는, 두 가지의 큰 건축적 조류가 있었다. 르 꼬르뷔제의 영향하의 근 대 건축을 계승하는 디자인과 역사적, 전통적인 양식을 답습하는 디자인이다. 전자는 교외에 건설된 거대한 주택 단지에서 그 전형을 볼 수가 있다. 또한 후자는 스스로를 유럽 도시의 재건자로서 자리매김해 왔다. 그러나 장 누벨은 그 어느 것에도 매력을 느끼지 않았던 것 같다. 직사각형의 볼륨에 작은 창을 뚫은 완전히 무미 건조한 아파 트 군(群)이 프랑스 전 국토에 확산되었고, 또한 모더니즘을 좋아하지 않는 프랑스의 공무원들은 주목을 받는 건물은 사양하여, 결국 작은 아케이드를 지닌 흰색의 가구(街 區)라는 유사 파리 풍의 가구가 형성되어 왔다.
이러한 상황에 많은 반감을 갖는 장 누벨과 동세대의 건축가들은, 1976년 3월의 항의 데모에 참가하였고, 종래의 도시 프로젝트의 개발 수법에 항의하여 새로운 접근을 요 구했다. 마침 악평 높은 "레 아를(Forum des Halle)"의 비 공모 프로젝트가 완성되 었다. 헤아릴 수 없을 만큼의 건축적 카타스트로피가 실현되었다고 술회하는 장 누벨

7

8

9

10

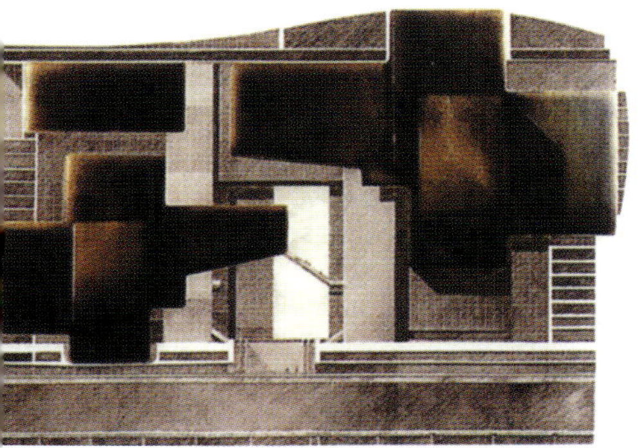

11

12

13

에게 있어, 그 충격은 반역적인 이미지를 주었다고 한다. 그는, 자신의 디자인은 이러한 모더니스트적 혹은 역사적인 제안(proposal)에의 반동이 주류를 이루고 있다고 언명하고 있다.

장 누벨은 자신의 스타일을 갖지 않는다. 항상 같은 어휘를 사용하지 않는 장 누벨은 라이벌 건축가로부터는 절충주의자 취급을 당하는 일도 있었다. 그러나, 일정한 스타일을 갖지 않는 그이기 때문에 더욱, 다음의 작품에 거는 기대가 크다. 재료나 형태에 대해서도, 다양한 전개를 보이는 그는, 근년 특히 유리의 사용이 많아지고 있다. 그것은 빛과의 연계가 있기 때문이다. 그는, 빛이 오늘의 건축에 있어 매우 중요한 소재가 되었음을 지적한다. 그것은 자연의 빛 또는 전기의 빛이라도 좋다. 빛에 의해 색을 만들어 낼 수가 있고, 이미지를 출현시키거나 소실시키거나 할 수도 있다. 거기에는 유리의 존재가 불가결하다. 이전에는 투명한 벽이라고 생각된 판유리는 거울이 되기도 하며 황금빛의 유리, 젖빛 유리도 된다. 지금은 액정 유리와 같이, 버튼 하나로 반투명이나 착색 유리로 변화 가능한 재료라고 장 누벨은 유리의 유용성을 말한다.

장 누벨의 다양성으로 가득 찬 작품군(群)은 사실 절충적인 지향으로부터 나타난 것은 아니다. 그것은 도시의 문맥성에 대한 그의 집념에 기인한다. 그 자신은 많은 문맥적인 요소에 흥미가 있다는 것을 토로하고 있다. 문화적 컨텍스트를 비롯해 역사적, 지리적, 경제적인 컨텍스트와 같이 다양하지만, 그가 중요시하는 것은 휴먼 컨텍스트이다. 소장, 파트너, 컨설턴트에 대조적으로 특히 검사관, 공무원, 클라이언트의와 같은 3자는 우리들과는 대치하는 존재이며, 건축의 형태를 좌우하는 사람들이라고 한다. 장 누벨이 휴먼 컨텍스트를 중요시하는 이유도 알만하다. 그의 일의 진행방식도 그것이 기초가 되어 있고, 영화제작과 같은 프로세스를 끌어들이고 있다.

일찍이 건축가는 공간의 기하학적 타입을 한정하는 형태 언어를 하나 지니면 위대한 건축가라는 명성을 충분히 얻었다. 그러나 모든 것이 시도된 현대에 있어서는, 건축은 이미 공간의 기하학적 특질이나 형식으로는 운운하기 어렵다. 장 누벨에 있어서는 공간의 기하학보다 재료, 빛, 인터페이스 쪽이 훨씬 중요하다. 그러한 엘리먼트에 의해 무엇을 드러내고, 무엇을 숨기는가 하는 것이 그에게 있어서의 궁극의 과제인 것이다.

오늘의 장 누벨이 가장 그 답게 있을 수 있는 것은, 개개의 프로젝트에 대해, 어디까지가 가능한가라는 건축의 타당성(feasibility)을 극한까지 채우는 것에 있다. 항상 새로운 아이디어를 갖고, 첨단적이고 전위적인 정수를 보이는 그의 작품은, 21세기를 향한 금세기가 길러낸 가장 새로운 건축의 도래를 예감시키기에 충분하다.

14

NEMAUSU

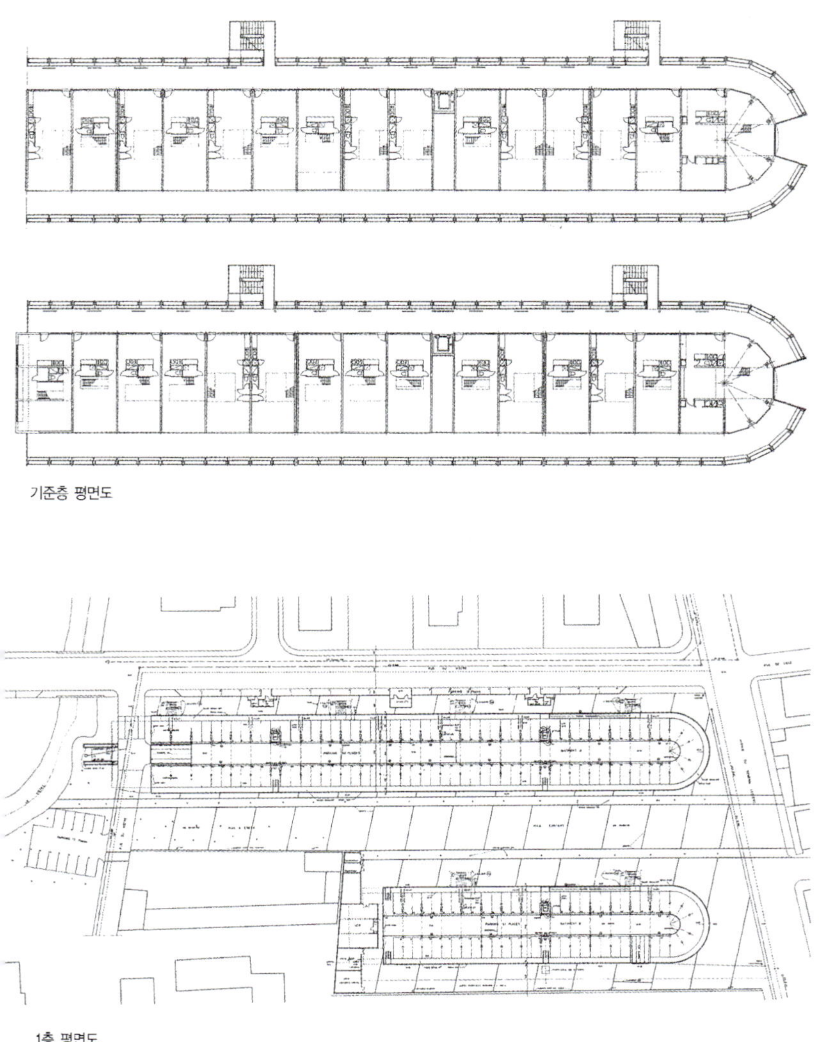

기준층 평면도

1층 평면도

BATIMENT B
BATIMENT A
RUE DU VISTRE
BATIMENT A
BATIMENT B

단면도

입면도

NEMAUSUS

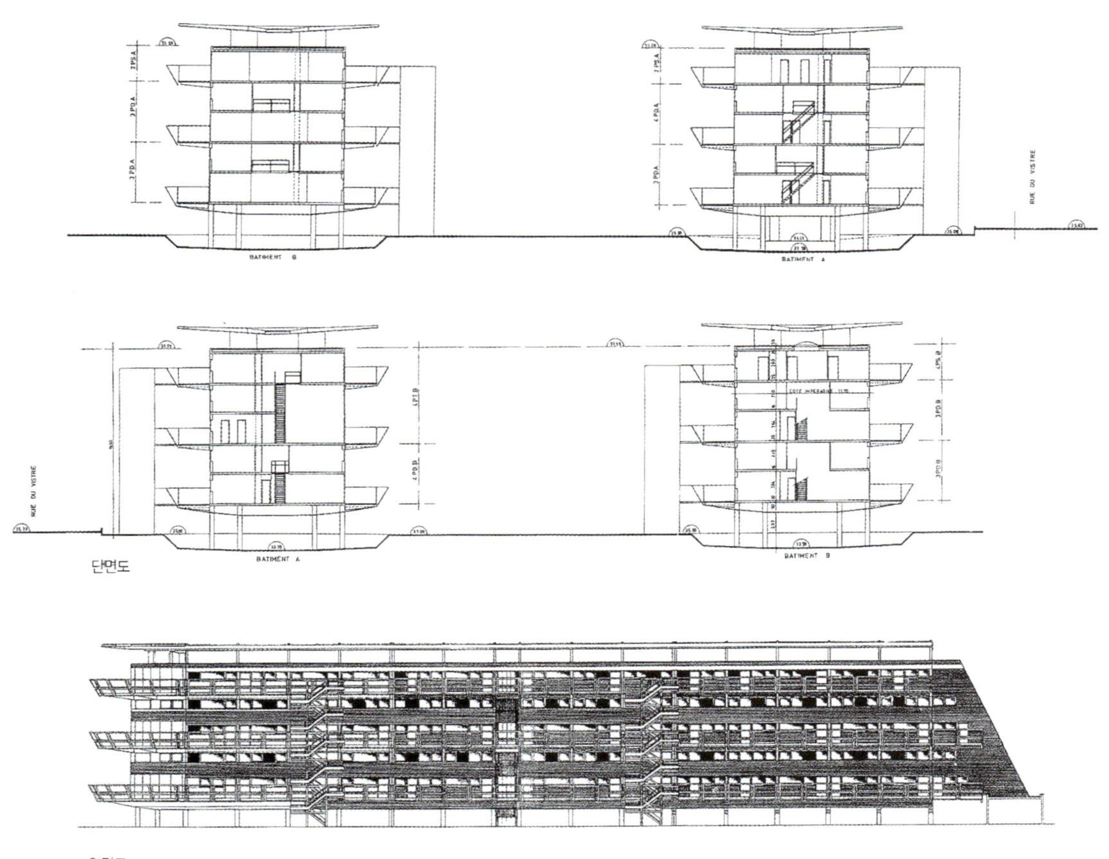

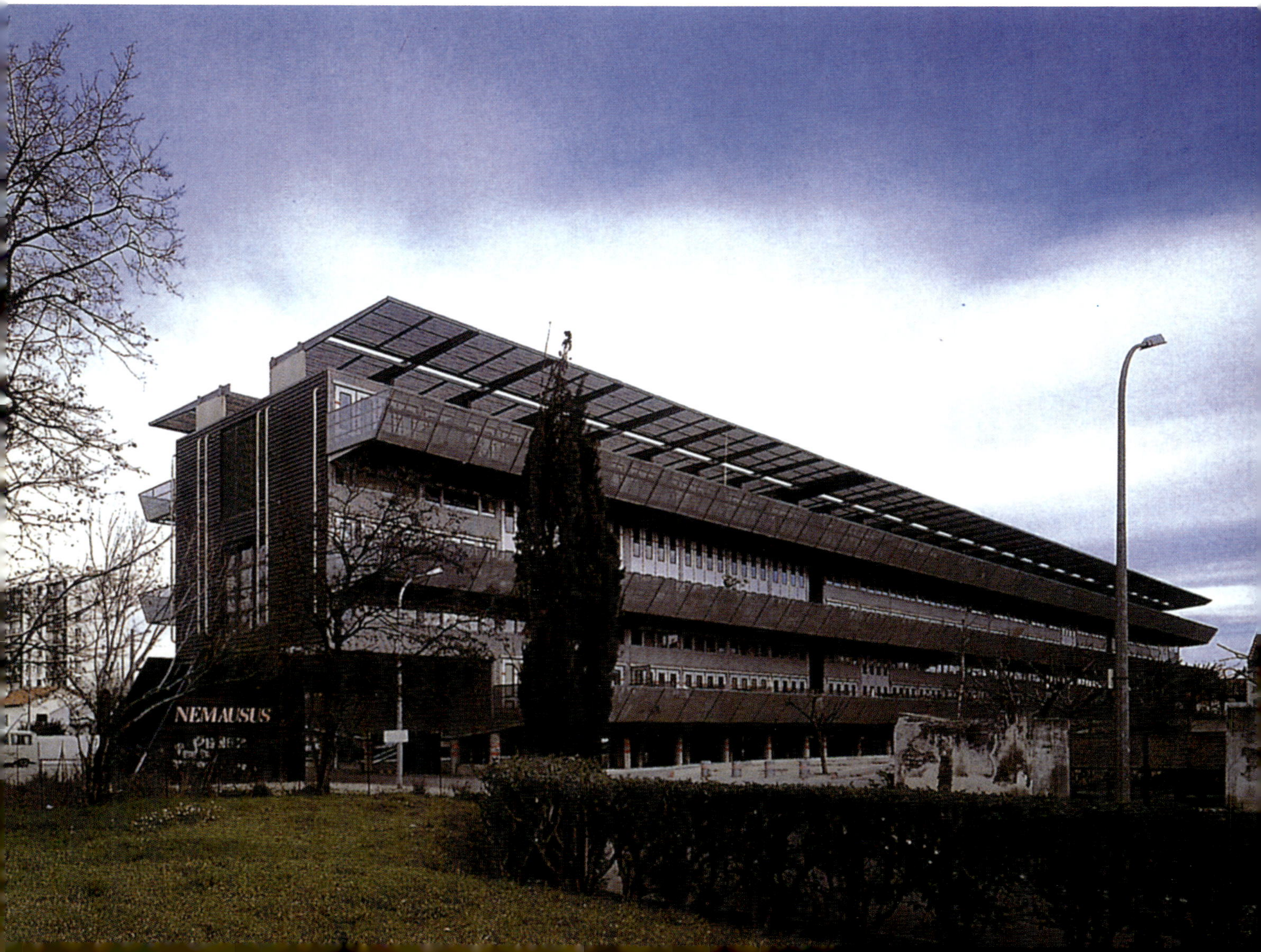

KNSM 아일랜드 타워
KNSM Island Tower

Wiel Arets의 건축성향인 직선적인 디자인 요소를 볼 수 있는 이 건물은 KNSM 섬에 세워진 첫 고층 집합 주거로서, 주변의 집합 주거보다 높기 때문에 그 섬에서 가장 상징적 건물로 서있다. 멀리서 보면 검은색의 단일 매스로 인식되기 때문에 강한 인상을 주지만, 접근해서 보면 5개로 분절되어 있는 매스를 볼 수 있다. 3개의 직사각형 매스와 1개의 5각형 매스가 그룹을 형성하면서 하나로 엮여 있다. 검은색의 마감은 이 건물의 가장 큰 디자인 요소로서, 상당히 육중한 이미지를 주고 있다. 한편 1층에 구성되어 있는 로비는 백색의 공간으로 꾸며져서 상대적으로 외부와 대조적 이미지를 주고 있고, 또한 이곳에 전시되어 있는 조각 작품들은 곡선의 미를 표현하고 있어 절제된 직선의 공간에 부드러운 이미지를 주고 있다.

섬을 관통하는 주 도로변에 위치한 이 건물은 낮은 기단이 형성되어 있는 곳에 지어졌다. 1m 정도의 기단을 올라 건물을 돌아 들어가면 주 출입구를 만나게 된다. 이 건물의 1층은 로비로 디자인되어 있는데, 백색의 공간에 조각 작품들이 전시되어 있어 마치 갤러리와 같은 이미지를 제공한다. 한편 한쪽 복도에는 코어가 구성되어 있고, 이곳에 계단실과 엘리베이터 2기가 배치되어 있다. 이 건물은 매스를 관통하는 직선복도를 사이에 두고 각 실들로 진입이 이루어지도록 계획되어 있다. 복도에 면한 비상계단이 복도 끝에 배치되어 있고, 복도 양쪽으로 창이 열려 있기 때문에 중복도의 답답함을 해소하고 있다.

Weil Arets의 건축사고방식
：A Virological Architecture – Wiel Arets

최근, 건축은 도시 개발을 비판하기 위한 수단으로 간주되고 있는 것 같다. 도시의 건전한 모습을 되찾는 것은 건축의 사정을 듣는 일도 적지 않다. 만약 도시의 건전한 모습을 회복시키는 것이, "건축의 의무이다"라는 것을 사실로 한다면, 건축은 어떠한 의학적 처치와 비교 될 수 있을까?

먼저 도시 조직에 건축술에 의한 개입을 실시하는 것은 인체에 수술을 위한 메스를 가하는 것과 비교할 수 있다 노후화된 건물이나 부패한 지역 등은, 완전히 파괴해 정지함으로써 새로운 건물을 지을 수가 있지만, 이것은 상처나 종양(노후화로 부패하고 있는 건물이나 지역)을 소독하든지, 혹은 척출하는(건물의 철거 및 정지) 것에 의해 새로운 세포 조직의 성장을 재촉한다(재개발이라고 하는 치료 방법)라고 하는 과정과 여러 가지 의미로 비교할 수가 있다. 그러나 건축술에 의한 개입과 비교할 수 있는 의학적 은유는 수술에 한정된 것은 아니다. 건축가는, 외과의뿐만 아니라, 제약 산업의 연구자나 약제사에도 비유할 수 있는 것이다. 도시의 건전한 모습을 회복시킬 계획에 대해서는, 건축을 약물로서 파악할 수 있다. 수술은 주지한 것처럼 메스를 손에 들어 인체에 돌진하는 것이다. 그러나 약은 과연 무엇인가. 약이 효과를 나타내면 환자는 회복한다. 그러나 약은 우리의 눈에 보이지 않는 곳에서 그 효과를 발휘하고 있는 것이다. 우리는 외과의 모습은 실제의 눈으로 볼 수가 있다. 그러나 약은 눈에 보이지 않는 몸속 깊이 작용하고 있는 것이다. 이 약 이라는 것은 병과는 완전히 별개의 것일까, 그렇지 않으면 실제로 어떠한 관련이 있는 것일까. 또, 건강은 결코 병에 걸리지 않은 것인가, 그렇지 않으면 병으로부터 회복하는 능력인가. 도시를 괴로움에 빠뜨리는 병이란, 과연 어떠한 병이 되는 것일까.

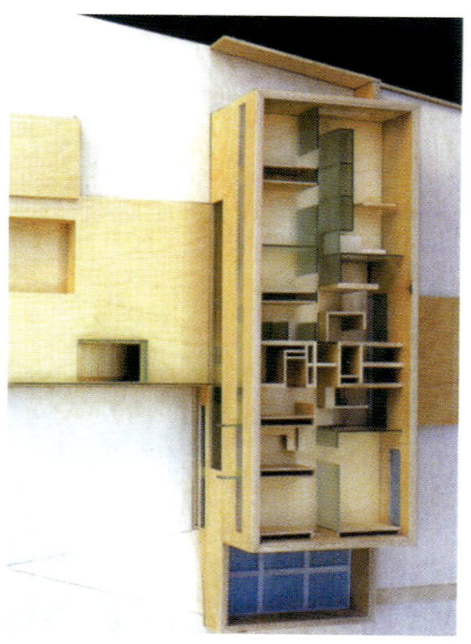

2

3

이러한 의문은, 실제로는 단순한 시간 별기이다(이 비유는 그다지 좋은 것은 아닐지도 모른다). 혹은, 도시는 병들고 있는 것도 아니고, 인체와는 비교가 되지 않는 것일지도 모른다. 인체는 단일체이며 각각이 완결되어 있다. 그러나 도시에는 경계나 윤곽이 존재하지 않는다. 통상, 의학은 인체를 「고치고」, 원래 상태로 회복하도록 돕는다. 건축에는 도시를 원 상태로 회복시키려는 의도 같은 건 없다. 또 그것은 불가능한 일이기도 하다. 의사에 의한 처치는 눈으로 보고 확인할 수가 있지만, 도시에 있어서 건축가의 처치는 눈에 보이지 않는다. 건축가의 행위는 어느 쪽인가하면, 건축술을 사용한 개입에 의해 도시에 있어서의 여러 가지 과정에 도움이 되는 것이긴 하지만, 그 결과를 예측하는 것이 불가능한 것이다. 수술이 「고침」에 관련된 반면, 건축은 "실험"에 관련되어있다. '마사이' 라는 민족은, 자르는 것에 관한한 달인이다. 그들은 귀안에 상을 새겨 화농시킨다. 혹은 피부에 모양을 새긴다. 또, 목에 세

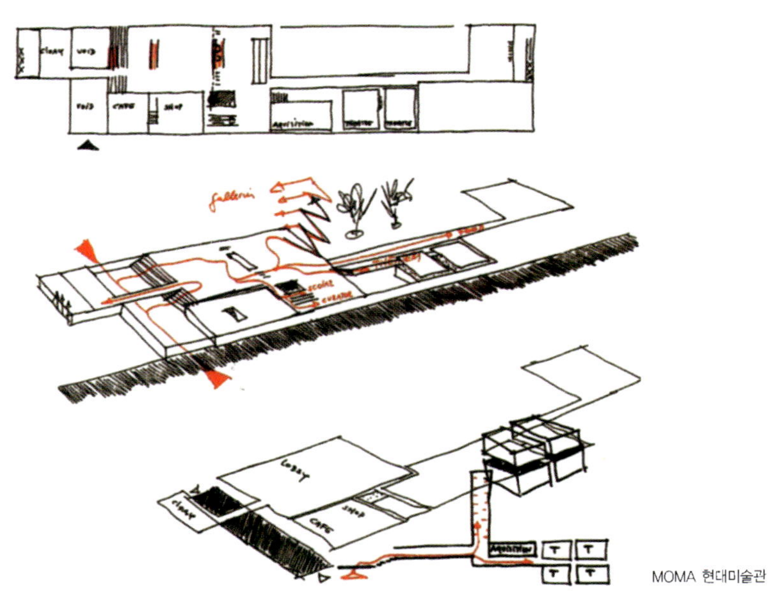

MOMA 현대미술관

4

5

공 고리를 끼어 목의 길이를 늘인다. 그들은 아픔에 아랑곳하지 않고 스스로가 예술품으로 변신함으로써, 인생을 의식화하고 있다. 마사이족이나 수술, 그리고 바이러스학에 관한 고찰이, 이 논문에 큰 영향을 주고 있다. 그러나 디자인이 바이러스처럼 도시에 침투해, 도시를 다 먹어 , 새로운 것으로 바꾸기 위해서는, 어떠한 수단이 필요하게 될 것이다.

바이러스의 매력이란, 눈에 보이지 않기에 가지는 매력이다. 여기에 게재되고 있는 프로젝트의 디자인이, 투명한 건축을 낳는 것이면 얼마나 좋은 것인가. 사람은 눈치 채지 못하고 그 투명한 건축의 중심을 빠져나가지만, 그것이 예기치 못한 만남이나 사건의 촉매가 되는 것이다. 바이러스학이라고 하는 학문이, 이 정도 훌륭한 '영감' 을 낳는 근원이 되는 것은 그 예상 할 수 없는 성질 때문이다. 이것이 바이러스학에서는 매우 중요한 것으로, 우리에게는 이해할 수 없는 요소가 많이 포함되어 있다. 원래, 바이러스란 무엇인가. 바이러스는, 인간, 동식물, 박테리아 등의 감염원이며, 산 보균자의 세포 대사에 의존해 생식한다. 따라서 바이러스는 기생체이다. 보균자에게 병을 일으켜 기생한다. 또 보균자의 유전자 코드에 침입해 복제하는 것에 의해 생식하는 것이다. 유전자 코드내의 정보에 관해서는, 바이러스는 상당한 정밀도로 그것을 복제할 수가 있어 보균자의 유전자 코드를 이용해 가차없이 증식을 계속 한다. 또 생식 시에 이전의 형태로부터 그다지 변화하지 않는다. 게다가 원래의 조직도 사라지는 일 없이 생식을 반복하기 때문에 어찌할 도리가 없는 상태가 되어, 이윽고 그 조직의 소유자인 생물체로부터 분산하게 된다.

바이러스학의 매력은, 물체-특히 살아 있는 물체-를 코드화 된 정보로서 볼 수가 있으며, 그 코드의 변환과 같은 변환이 세포 조직 내에서 행해진다는 것에 있다. 건축가가 도시 조직에 있어서의 이 과정을 인식하고, 코드의 조작 방법을 습득하고 있는 한, 그는 외과의이며, 약제사인 것과 동시에, 바이러스 학자이기도 하다. 여기서, 어떤 모순이 드러난다. 대부분의 바이러스에 대한 하나의 치료법은, 치료의 대상인 바이러스 혹은 거

KNSM 아일랜드 타워

의 같은 것을 소량 주입함으로써, 인체의 방위 기능을 기동시키는 방법이다. 그 예로서 인간에게 있어 치명적으로 여겨진 천연두는 우두 바이러스에 대한 예방 접종을 실시함으로써 박멸할 수가 있었던 것이다. 이때 병은 온화하게 발생하고, 인체의 방위 기능이 기동되기 때문에, 위험한 변이체에는 승산이 없어진다. 즉 아주 작은 병에 걸려 이겨냄으로써, 중병에 걸리는 것을 막는 것이다. 이 의학적인 모순, 즉 해를 주는 것과 항독소를 유발하는 독소의 상반되는 능력은, 독소항과 독소의 혼합용액이라고 하는 양자의 혼합물이, 일찍이 백신으로써 이용되고 있었다고 하는 현상에 대해 정확하게 표현되고 있다. 이 모순에 의해, 도시와 그 도시에 존재하는 사회에 있어 중요한 바이러스학적 모델이 형성되는 것이다.

예를 들어 사회론에 있어서, 바이러스학적 모델에는 두개의 예가 있다. 첫 번째 예는 장 보드리야르에 의한 "나에게 있어, 바이러스의 출현은 이론상의 사건에 지나지 않는다. 여기서 문제가 되는 것은, 이미 의학이나 역사상의 것은 아니고 매우 객관적인 것이며, 경제의 모든 면 그리고 정치나 병리학도 초월해, 생물학의 핵심에까지 도달하는 것이다"라고 하는 말이다. 그의 마음을 끌어당기는 것은, "바이러스의 진행의 외면적인 판단은 불가능하다. 그 파멸이나 불안정화는 시스템 내부로부터 발생해서, 그 원인은 시스템의 소모에 있다. 이것은 완전히 새로운 사건이다"라고 하는 것이다. 두 번째의 예는 보드리야르에게도 관련된 아서 타로카에 의한 패닉 바이러스 이론이다. 이것은, "이미 개개의 환자라고 하는 입장에 근거하는 것은 아니고, 생물학의 3 법칙에 근거해 기능하는 바이러스병원체의 입장으로부터 해석되는 이론이다. 생물학의 3 법칙이란, 신체 내에 침입하는, 지배적인 유전자 코드를 클론으로써 증식시키고, 생물의 쇠약을 이용해 바이러스의 카피를 실시하는 것이다. 이것은 기생적인 의미로서의 이론일 뿐만 아니라, 유전자 코드의 논리로부터 보다 심오함을 찾아, 그 성질을 해명하기 위한 이론이기도 하다. 이것은 일종의 바이러스의 유토피아이다. 즉, 침입, 클론의 증식, 순간의 카피라고 하는 힘 관계에, 종지부는 찍는 것이다."
장 보드리야르와 아서 타로카의 양자에게 있어서의 바이러스 모델의 매력은, 그 근저에 숨겨진 사회론에 있다. 의학의 진보에 의해 바이러스학적 모델이 가지는 자율성은 폐기되었다. 즉, 문화적인 비판이 전부라고 하는 주장은 부정되었던 것이다. 정치적 혹은 그 외의 이상에 대해 사회적인 현실을 시험하는 것에 의한 개혁 방법은, 이미 무의미한 것이다. 그들은, 동적인 대체 모델의 입장으로부터 정적으로 간주되는 사회시스템에 이

6

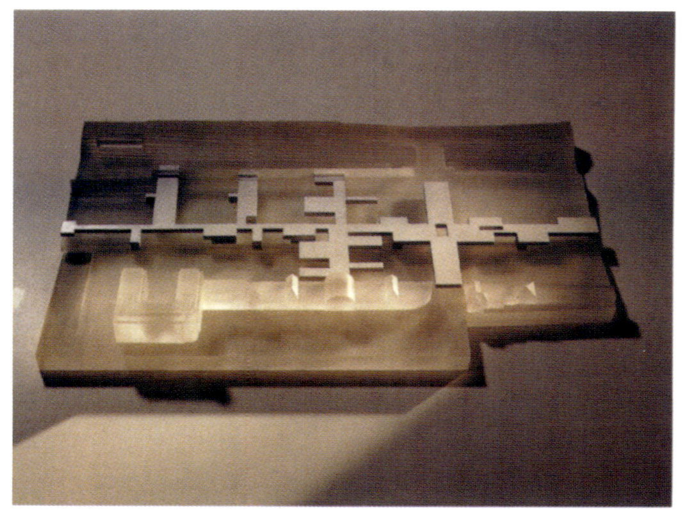

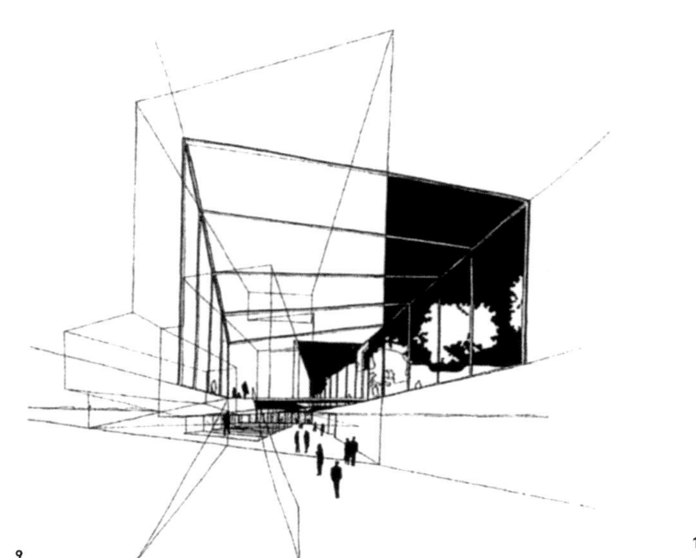

9

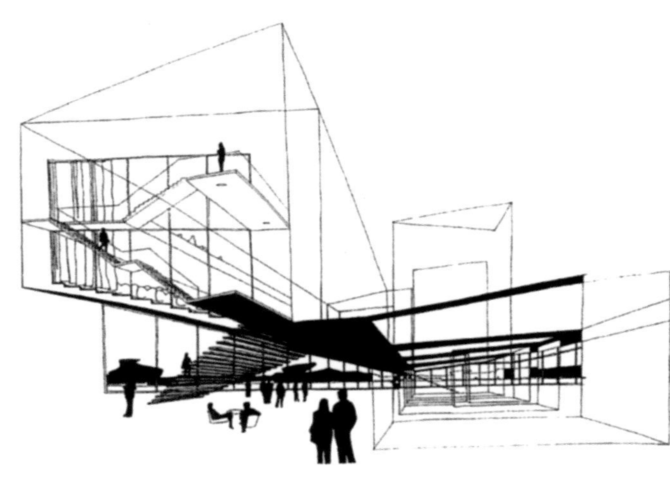

10

로기까지, 이미 이론을 주장하지 않는다. 오히려, 이 시스템의 불안정성을 인식해, 미크로 레벨에서는 사회시스템 그 자체가 힘 관계의 변화나 교체를 일으키기 쉽고, 시스템을 내부로부터 특징 지우는, 이 불안정성이나 애매함은 바이러스학적 모델이라고 하는 입장으로부터 인증해야할 것이다라고 지적하고 있다.

도시에 관해서 말하면, 이것은 완벽한 도시의 창설이라고 하는 생각을 버리고, 불완전한 완전성, 미완성인 완성품이라고 하는 목표를 가지는 것이다. 결국 이것은 예기치 못한 사건을 위한 여유를 확보하는 것이며, 도시에 긴장감을 가져오는 것이다. 예기치 못한 사건이 실제로 생기기 때문은 아니고, 그러한 사건이 일어날 수 있다고 하는 것이다. 도시에서는, 가상의 생물 공학 체계를 조립하는 것이 가능할 것이다. 그것은, 생물의 생존에 관한 법칙을 도시의 조직으로 보고, 도시나 건축의 디자인에 근대 기술을 구사하는 것이다. 이와 같이 해서, 건축은 우연성이 지배하는 게임이 된다. 즉, 우연한 만남이나, 모든 사건을 일으키는 상태가 된다. 건축이 우연이라고 말하는 현상을 항상 인식하고, "계획 불가능"인 사물에 대한 여지를 확보하고 있으면, 이미 조화를 위한 노력 등이 불필요하게 된다. 새로운 미디어나 기술이 시작되어 적응할 때의 "생성의 괴로움"에는 기능의 이상화가 항상 따르는 것이지만, 그러한 사태

에도 순응할 수가 있어 과거를 향수로 되돌아 볼 필요가 없어진다. 그 결과, 도시의 조직은 다시 소생해, 사회의 기반으로서 볼 수 있게 된다. 그것은 마치, 병든 도시가 건축가에 의해 주입된 항독소의 도움을 빌려 바이러스와 싸우는 것에 의해, 회복하는 것과 같이도 보인다. 바이러스 학문적 모델에는 공포나 애매함이 따르기 때문에, 사람에 따라서는 이것에 찬성하기 어려울지도 모른다. 그것은 충분히 이해할 수 있는 것이다. 미지의 바이러스나, 극히 유해한 바이러스는 확실히 존재한다. 게다가, 에이즈도 우리의 사회를 붕괴시키려고 위협하고 있다. 그러나 건축가를 의사의 일종으로 인식할 때, 건축은 바이러스학으로서의 성질을 가진다는 것과, 그리고 이전의 문제를 인식하기 위해서는 공포를 이길 필요가 있음을 깨닫지 않으면 안 된다.

한편, 정보사회에 있어서의 거주 공간이나, 거실이라는 것의 입장을 생각했을 경우에도 같은 문제가 생긴다. 여기서 건축가는 큰 딜레마에 빠지게 된다. 정보사회는, 한편에서는 최신의 정보를 거두어 들여 집이나 직장을 떠나는 일 없이 어떤 일이든 처리가능 하게 한다. 그러나 여기에서는 사람이 전화나 컴퓨터를 조합한 정

KNSM 아일랜드 타워

보 서비스가 완비된 집, 혹은 직장에 두문불출하면서, 두 번 다시 밖에 나오지 않는다고 하는 위험성도 생기는 것이다. 이것은, 인간의 기능이 인간으로부터 분리해, 인공적인 장치로서 사람의 주위를 뛰어 돌아다니고, 한편으로 사람은 탁상의 컴퓨터 화면이나, 거실에 놓여진 텔레비젼이나 화상전화 앞에서 떨어지지 않게 된다고 하는 위험성을 내포하고 있다.

폴 비릴리오는 이것에 관해서 설득력 있는 의견을 말하고 있다. 여러 가지 가사 기능을 집안의 적소에 배치해 거주자가 스스로 각 기능으로 이동하는 대신에, 모든 활동이 한곳에 집약된 리모콘 기능을 이용하는 것에 의해 거주자는 행동이라고 하는 부담으로부터 해방되게 된다는 의도이다.

"비록 상대가 어딘가에 있어도 접촉 된다"라고 하는, 컴퓨터 통신이나 텔레미팅이 가져오는 패러독스는, 집 안에서 "떨어진 장소의 것을 한곳에 집약한다"라는 것이 된다. 이 점, 즉 행동의 결핍의 중심이 되는 점은, 분명하게 사용자, 요컨데 전통적인 보통 집의 배치와는 전혀 닮지 않은 이 절대적인 안락한 곳의 거주자들이다." 비릴리오는 한층 더 이렇게 덧붙이고 있다. "최종적으로는 사람이 건축 안에 있는 것이 아니라, 전자 시스템에 의한 건축이 사람을 침략해 버리는 것이다."

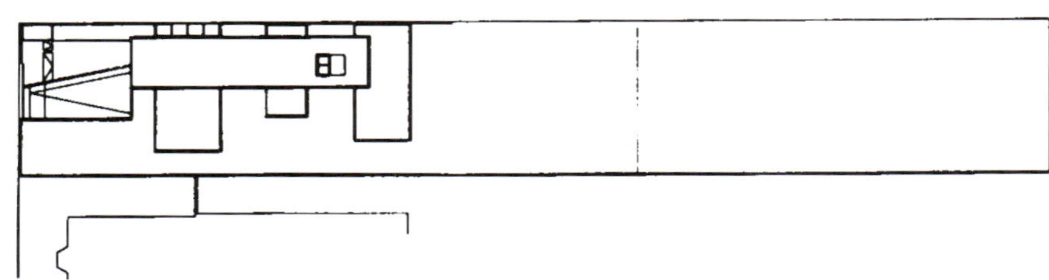

12

15

16

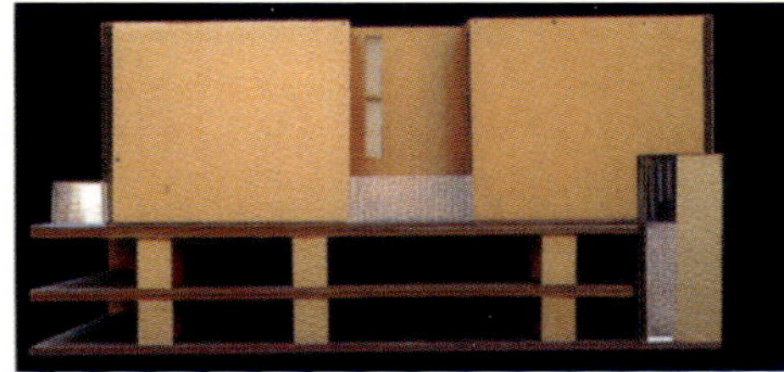

17

건축의 침략이라고 하는 점에서, 다시 바이러스학적 모델의 비유를 생각해 보자. 인테리어는, 이미 사람의 존재의 외부에 있는 것은 아니다. 방이나 가구의 배치는, 사람의 마음의 표현에서도, 기분이나 감정의 해석도 아니다. 정보기술이 가져온 가상공간은, 사람을 지배하는 기술에 의한 것이고, 사람을 실제로 둘러싸는 환경을 잊게 해 버린다. 여기서, 생활을 둘러싸는 논의에 새로운 빛을 비출 수 있다.

예를 들어, 로스에 있어, 그것은 내부 공간과 외부 공간을 분리하는 것이었다. 외부 공간은 집을 도시에 조직적으로 연결해 내부 공간과는 관계를 가지지 않는다. 내부 공간에서는 보호의 외피이며, 거주자에게는 덮개가 된다. 또, 꼬르뷔제에 있어, 그것은 내부와 외부의 구별을 없애, 생활을 위한 기능을, 집안에 기계를 설정하는 것에 비유하는 것이었다. 한편, 바슐라르는 건축을 지적으로 해석했다.

그에게 있어, 집은 조개요, 거주자는 그 안중에 자고 있는 진주인 것이다. 또 들뢰즈는 유목적인 생각을 선택했다. 집을 가지지 않는 것이, 동경의 자유로서 확립하는 것이다. 하이데거에게 있어, 생활은 일이며 존재한 신들의 발걸음을 더듬는 도중의 휴식이며, 사람을 그 본질에 다시 접근하게 하고, 미지의 상태에 견디게 하는 것이다. 마지막으로 해체주의는 오래 살아 편안한 곳을 떠나 생활을 바꿀 것을 필요조건으로 하고 있다.

이상과 같은 상황은, 방랑하는 건축을 통해 밝혀져야 할 것이다. 즉 건축은 이미 창이나 벽, 농이나 문이라고 하는 문제는 아닌 것 같다. 그리고 어떻게 건축이 사람과 기술 사이에 새로운 밸런스를 확립해, 기술에 희생이 되는 일 없이 기술의 모습이나 형태를 줄 수 있을까를 묻는 것이 필요한 것 같다. 사람을 기술로부터 지켜, 인간공학적으로도 이치에 필적한 방법으로 육체와 기술의 차이를 표현하는 것이, 건축의 과제가 되는 것은 틀림없을 것이다. 건축은, 육체적인 국면이 완전히 침식 되는 것을 막아, 인간에게 있어서의 육체적 국면이 정통인 취급을 받기 위한 대안을 만들어 내지 않으면 안 된다. 그러나 아무리 정보 서비스가 진보해도, 아무리 사람의 생활이 하찮은 것이 되어도, 사람의 몸은 항상 존재하고, 거기에는 아픔이나 기쁨이 반드시 따르는 것이다.

18

19

20

KNSM Island Tower

KNSM Island, Amsterdam, The Netherlans, Wiel Arets

작품설명

| 디자인 컨셉 |

이 건물은 Wiel Arets의 작품으로 그의 건축성향인 직선적인 디자인요소를 볼 수 있는 건물이다. 이곳 KNSM 섬에 세워진 첫 고층 집합주거로서, 주변의 집합주거보도 높기 때문에 그 섬에 있어 상징적 건물로 서있다. 멀리서 보면 검은색의 단일 매스로 인식되기 때문에 강한 인상을 주지만, 접근해서 보면 5개로 분절되어 있는 매스를 볼 수 있다. 3개의 직사각형 매스와 1개의 5각형 매스가 그룹을 형성하면서 하나로 엮여 있다. 검은색의 마감은 이 건물의 가장 큰 디자인 요소로서, 상당히 육중한 이미지를 주고 있다. 한편 1층에 구성되어 있는 로비는 백색의 공간으로 꾸며져 상대적으로 외부와 대조적 이미지를 주고 있고, 이곳에 전시되어 있는 조각작품들은 곡선의 미를 표현하고 있어 절제된 직선의 공간에 부드러운 이미지를 주고 있다.

| 프로그램 |

이 건물은 암스테르담 항만 재개발 계획 중 하나로서 건설된 고층 집합주택이다. 주변의 집합주택이 저층의 수평적 구성을 하고 있는 것에 비해, 이 건물은 수직적 구성을 주개념으로 설정되었다. 5개의 매스가 직선 복도를 사이에 두고 결합되어 있고, 가운데 코어가 구성되어 있다. 코어에는 수직계단과 2개의 엘리베이터가 들어가 있고 복도 끝에는 비상계단이 설치되어 있다.

| 동선순환체계 |

섬을 관통하는 주 도로변에 위치한 이 건물은 낮은 기단이 형성되어 있는 곳에 지어졌다. 1m 정도의 기단을 올라 건물을 돌아 들어가면 주 출입구를 만나게 된다. 이 건물의 1층은 로비로 디자인되어 있는데, 백색의 공간에 조각작품들이 전시되어 있어 마치 갤러리와 같은 이미지를 제공한다. 한편 한쪽 복도에는 코어가 구성되어 있고, 이곳에 계단실과 엘리베이터 2기가 배치되어 있다. 이 건물은 매스를 관통하는 직선복도를 사이에 두고 각 실들로 진입이 이루어지도록 계획되어 있다. 복도에 면한 비상계단이 복도 끝에 배치되어 있고, 복도 양쪽으로 창이 열려 있기 때문에 중복도의 답답함을 해소하고 있다.

| 구조 시스템 |

이 건물은 직선의 딱딱한 이미지를 제공하고 있는 건물로서 RC조의 구조를 가지고 있다. 특별히 외부마감을 고무거푸집을 이용해 검은색의 자연석 이미지를 표현하고 있는데, 원경에서는 단일의 검은 매스로 인식되지만, 접근해서 보면 정사각형의 자연석이 규칙적으로 배열되어있는 것을 볼 수 있다.

| 주요 디테일 |

섬을 관통하는 주 도로변에 위치한 이 건물은 낮은 기단이 형성되어 있는 곳에 지어졌다. 1m 정도의 기단을 올라 건물을 돌아 들어가면 주 출입구를 만나게 된다. 이 건물의 1층은 로비로 디자인되어 있는데, 백색의 공간에 조각작품들이 전시되어 있어 마치 갤러리와 같은 이미지를 제공한다. 한편 한쪽 복도에는 코어가 구성되어 있고, 이곳에 계단실과 엘리베이터 2기가 배치되어 있다. 이 건물은 매스를 관통하는 직선복도를 사이에 두고 각 실들로 진입이 이루어지도록 계획되어 있다. 복도에 면한 비상계단이 복도 끝에 배치되어 있고, 복도 양쪽으로 창이 열려 있기 때문에 중복도의 답답함을 해소하고 있다.

1. **위치** : 네델란드 암스테르담
2. **설계** : 1990~1993
3. **완공** : 1995
4. **건축주** : 암스테르담 '빌마바우' 협회
5. **프로그램** : 100세대 아파트/방3, 로비, 주차장
6. **건축면적** : 2,100㎡
7. **주요마감** : 외부/프리패브 콘크리트 클래딩,
　　　　　　　회색 알루미늄 창,
　　　　　　　내부/콘크리트, 회장벽토

기준층 평면도
1. 주방
2. 화장실
3. 욕실
4. 침실
5. 승강기

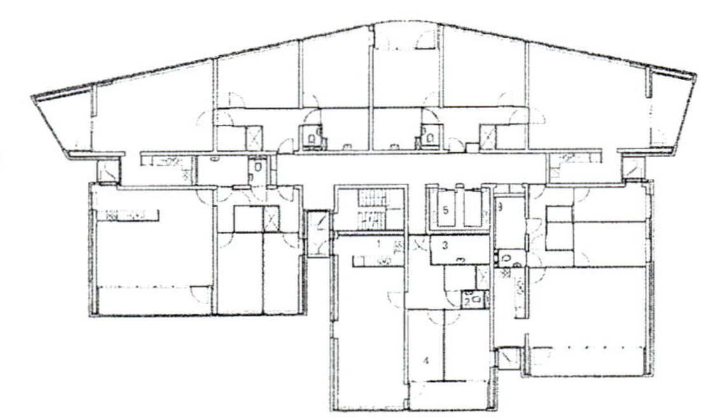

입구층 정면도
1. 중앙홀
2. 기계실
3. 자전거 보관소
4. 출입구 및 우편함

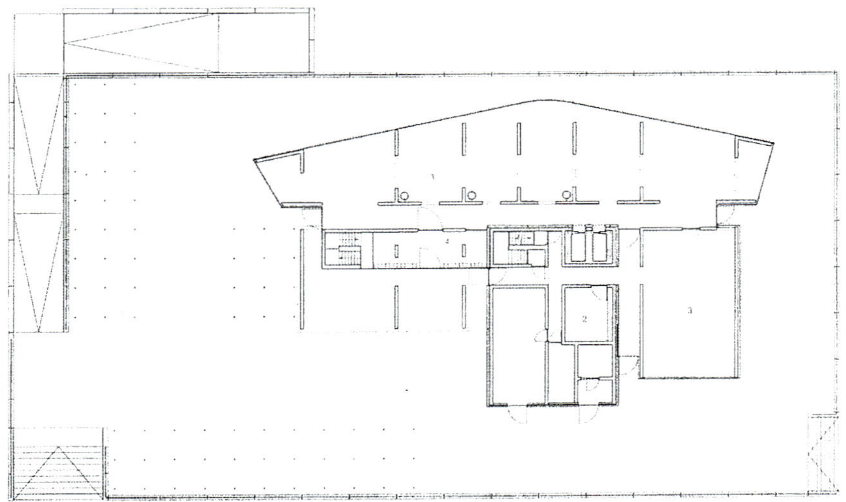

모델

헤르덴킹스플레인 하우징
Herdenkingsplein Housing

이 집합주택은 네덜란드 건축 그룹 Mecanoo에 의해 디자인되었다. 건물이 3개의 매스가 ㄷ자형으로 배치되어 광장을 형성하고 있고, 맞은편에는 마스트리히트 예술, 건축 아카데미 건물이 서 있다. 이 계획에서 광장은 옛 도시적 스케일을 도입한 랜드스케이프 개념으로 볼 수 있다. 광장 쪽으로 각 세대의 입구를 두어 커뮤니티를 발생시키고, 맞은편에 발코니를 형성하여 프라이버시를 확보하고 있다. 한편, 1층 각 세대에는 정원을 두고 있는데, 이곳은 거주민들에 의해 자생적으로 꾸며져서 다양한 풍경을 제공하고 있다.

건물의 입면은 주로 목재로 마감해서 따뜻한 이미지를 제공하는데, 다양한 형태와 크기로 디자인된 창들은 입면 풍경을 더욱 풍부하게 하고 있다. 특히 지붕 캐노피에서부터 내려오는 기둥들은 입면과 일정 거리이상 떨어져 규칙적으로 배열되어 있어 회랑과 같은 공간을 형성하고 있기 때문에 입면에 깊이를 더해준다. 전체 4층 규모로 계획된 이 집합주택은 콘크리트 구조에 외부를 목재로 마감하고 있다. 목재로 마감된 솔리드 한 입면의 따뜻한 이미지의 느낌과 보이드 한 창으로 마감된 복도 측 입면이 서로 대조를 이루면서 전체 매스를 분절시켜 볼륨감을 형성하고 있다.

Mecanoo의 건축사고방식
: 춤추는 블록(Dancing Blocks) –Mecanoo

1989년 가을에 〈SocialHousing Company〉의 책임자인 Peter van Gugten은 로테르담의 전원도시인 Prinsenland의 550채의 주택을 위한 도시개발계획을 우리에게 요청하였다. 우리는 이미 Kruisplein의 〈Youth Housing 프로젝트〉와 〈Tiendplein 프로젝트〉 그리고 로테르담 지구의 〈Oude Westen 재개발〉을 수행했었다. Prinsenland는 교외에 있다. 그곳은 Alexanderpolder라는 전후(戰後) 주거가 있는 도시 옆에 있고 매력적인 리본식 건물이 있는 시골 풍의 마을이었다. 스카이 라인은 한편으로는 나무와 오래된 농장, 주택과 빌라들로 어우러져 있는 작은 규모의 리본개발구역으로 결정되며, 또한 한편으로는 Alexanderpolder의 평평하고 단조로운 스카이라인에 의해 결정된다.

전원도시 Garden City

우리가 부탁 받은 Ringvaartplasbuur Oost는 주로 공영주택으로 이루어져 있으며, 반면에 사유지는 새로운 부동산을 둘러싸고 있다. 1ha에 대한 주거 단위 수는 공영주택이 개인 주거보다 높다. 조닝 계획은 전원도시에 대한 것이지만 동시에 도시에 대한 것이기도 하다. 도시란 단순하고 냉혹한 것과 연관된다.
최근의 전원도시란 무엇이고 도시란 무엇인가? 때때로 나는 도시계획가와 행정가들이 도시를 비도시적으로 만드는 것에 놀라고 비정형적이고 작은 마을 같은 스케일로 만드는 것 때문에 놀란다. 다소 덜 획일적인 접근과 도시디자인 대신에 친근감 있는 이미지에 대한 요구가 아니라. 특징적인 몇 조각의 땅을 가지고 있는 전원적인 세팅이란 무엇이었는가?

교육적인측면 Educational

네덜란드에서 전원도시는 1990년대 초, 커다란 규모로 갑자기 나타났다. 이러한 경향은 많은 임대주택을 갖는 건물로부터 자기 소유의 시장으로의 전환되는 과정과 일치한다. 이것은 1901년 이후 공영주택 중심이었

1   2 3

던 전통적인 네덜란드 주택의 붕괴를 의미하며, 이제는 시장 중심으로 변해야 함을 의미한다. 실제적으로 전원도시에 대한 생각은 양식 박공 지붕, 정원, 그리고 정면에 주차된 차, 그리고 아주 작은 땅으로 구성된 집과 같은 의미로 쓰였다. 이것은 마치 우리가 네덜란드와 독일, 영국의 풍부하고 세계적인 전원도시의 전통을 갑자기 잊어버린 것 같았다. 사실 그것은 독특한 건축 뿐 아니라 훌륭한 공동의 정원을 갖는 것이기도 하다. 매력적인 전원도시는 이데올로기에 근거하며 이것이 교육적인 측면을 갖는 이유이다. 그것이 내가 원하는 것이며 내 자신의 방법이다.

감촉적 특성 Tactile quality

전원도시를 계획하는데 있어서 나무는 벽돌보다 더 중요하게 보인다. 전원도시의 느낌은 주택의 경사진 지붕에 있는 것이 아니라 이웃집의 감촉적 특성(tactile quality)에 있는 것이다. 나는 수준 높은 감촉성의 특성을 지닌 교외를 만들기 원하는데, 건축에서 뿐 아니라 공공장소에서도 그러하다. 나는 사람들이 그들의 감각을 발전시켰을 어릴 때부터 그곳에서 커왔다면 잊지 못할 지역을 원한다. 나는 30x30cm의 콘크리트로 된 포장 돌로 가득 찬 지역이 아니라 다양한 재료, 재질, 색상들로 이루어진 지역을 원한다. 사람들이 즐기고 경험할 수 있는 지역은 대단히 이야기 거리가 많고 상상적인 힘을 가지고 있다.

이상 Ideals

나는 Peter van Gugten에게 나의 새로운 전원도시에 대한 생각을 말했고, 이러한 생각은 통합된 임무 가운데에서 실현될 수 있다고 말했다. 우리는 도시 계획, 주택 형태. 재료의 선택과 랜드스케이프에 대해서 클라이언트와 함께 일할 수 있을 때, 그리고 동시에 감독과 운영을 위한 비전을 함께 발전시킬 수 있을 때 그것을 얻을 수 있다. 네덜란드에서 전원 도시란 세분화된 동의로 인해 전통적으로 매우 잘 조직되어 있는데 마치 정원의 울타리의 높이가 시설의 배치(allotment complxes)로 설명되는 것과 같다. Peter van Gugten는 그 비전과 과정에 대해 동의했다.

흩어진 모래알 Sprayed Sand

흩어진 모래알로 된 장소를 디자인하는 것처럼 어려운 것은 없다. 지면보다 높은 수위를 가진 네덜란드에서

4　　5　　　　　　　　　6

헤르덴킹스플레인 하우징

배치는 건물을 위해 만들어진다. 거기에는 장소성(genius loci)이란 거의 없다. 도시는 어떤 역사를 가지고 있고 다른 건물들을 가지고 있으며 함석 지붕(lead)을 가지고 있기도 하며 고집해야 하거나 반대해야 할 어떤 것을 가지고 있기도 하다. 흩어진 장소에는 그러한 복합적인 프로그램이 없다.

반면에 오래된 전원도시는 빵집, 푸주간, 교회, 의회 건물, 마을 광장 등의 프로그램을 가지고 있다. 그러나 지금의 전원도시에는 그러한 것들이 없다. 쇼핑 센터와 슈퍼마켓은 멀리 떨어져 있으며, 그 프로그램은 소수의 주택 단위와 주차장과 그들을 위한 땅에만 적용된다. 공동의 정원을 위한 땅은 조금도 없으며 그냥 작은 공원으로 남겨져 있다.

9

링바르트플라스 Ringvaartplas

Ringvaartplas는 오래된 농장의 리본식 주택, 새로운 교외, 빌라 사이의 변환을 이루기 위해 만들어졌다. 이 호수가 모든 계획을 통해 그 존재를 느낄 수 있도록 했으나 무엇보다도 모든 현대 건축가들이 하는 것과 달리 호수를 향하여 오른쪽 각도에 건물을 배치하였다. 이것은 모든 사람이 좋은 조망을 갖게 하며, 따라서 무척 민주적으로 보인다. 그렇지 않으면 어느 누구도 좋은 조망을 가질 수 없지 않은가?

구성 Composition

우리는 Ringvaartplas Oost를 각각의 푸른 등줄기를 갖는 4개의 면으로 만들었다. 4개의 면과 매치 되지 않는 5번째는 평지에서 높고 집합적인 블록으로 표시된다. 따라서 지역성이라는 강한 기준 점을 이끌어 낸다. 평지에서 높은 블록은 교회 탑과 같은 지역성을 의미하며 낮은 건물들의 바다에서 배와 같이 솟아 있는 것처럼 보인다. Jaques Dutilhweg를 따라 있는 건물들의 곧은 선은 전원도시가 굴러서 호수에 빠지는 것처럼 보이게 한다. 좁은 길로 엄격하게 땅을 나누는 것은 건축적인 안무로 변환하는 것이다. 조심스럽게 세분화

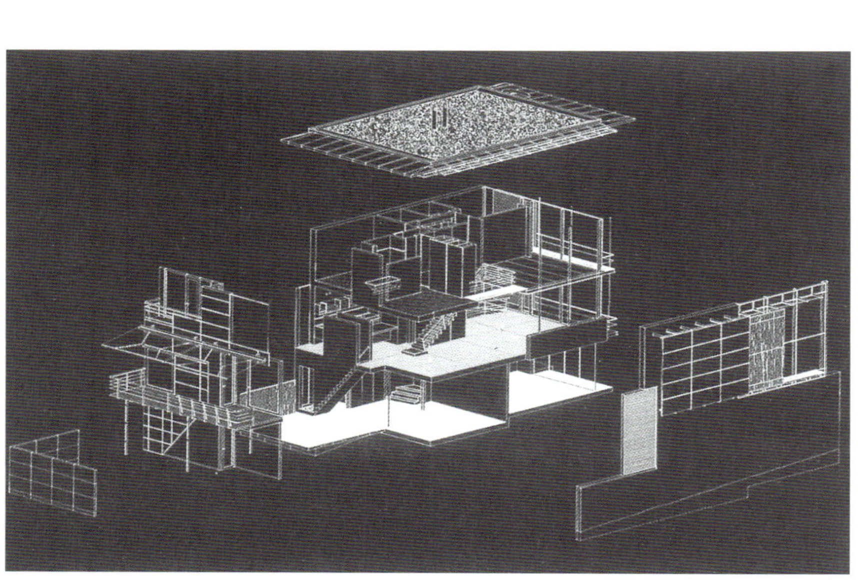

된 평평한 블록이 댄서이며, 방향의 변화를 통해서 각각의 시간에 새로운 공간을 만들어 내고 있다. 보행자의 길은 좁은 길 사이로 나 있으며 4개의 공동 정원에 의해 가로막혀 있고 그 정원들은 각각 프랑스식, 네덜란드식, 일본식, 영국식 정원이 된다.

동 굴 에 서   살 기

호수 가장자리 옆의 건물들은 로테르담에서 전통적인 방식 보다 더 좁은 길에 있다. 이것은 공동의 정원을 위해 길을 제공하고 있다. 시청에서는 이러한 것이 동굴(cavity)에서 사는 것 같다고 농담한다. 이들은 각각의 4분면 마다 그들만의 푸른 등줄기를 갖게 하며 그들을 둘러싸며 그룹지어져 있는 각기 다른 주택을 가지고 있다. 거의 호수에 면해서 호수 옆 주택(lakeside home)들이 있다. 이들은 1층에서 시작된 극도로 좁고 긴 아파트인데, 호수를 향한 다양한 조망을 제공한다. 그들 바로 뒤에는 주거지역이 있다. 이들은 모자처럼 생긴 지붕을 가지고 있고 2개 층의 아파트만큼 넓으며 그래서 다락방을 갖게 된다. 엄밀히 말해서 4분 면의 뒤를 구성하고 있는 그 아파트는 꼭대기에 낮은 아파트를 가지고 있는 2개 층의 아파트이다. 그들은 블록의 가운데서 오른쪽에 정면 문을 공유하며 그것은 녹색 등줄기의 끝에 있고 그들을 호수와 연결해준다.

그 늘 막

녹색의 이미지를 얻기 위해 사치스런 전원 도시의 개인 정원은 자전거 그늘 막에 의해 울타리쳐

헤르덴킹스플레인 하우징

있지는 않으며, 네덜란드의 전통적인 거리의 분할 방법을 가지고 있다. 모든 자전거 그늘 막은 아파트 안에 만들어졌다. 개인 정원과 공동 정원은 전원도시의 녹색 이미지를 결정한다. 그리고 그들은 J.J.P. Oud의 슈투트가르트의 바이젠호프지투룽(Weissenhofsiedlung)에 있는 정원과 저층 아파트 건축의 놀라운 결합을 생각나게 한다.

한 걸음씩 나아감 Step by step

아파트로 연결되는 길은 자동차가 다니지 않으며, 세 발 자전거나 스쿠터를 타거나 놀고 있는 어린이에게 적합하고 가정의 시야 안에 있다. 공동 정원은 좀더 큰 아이들을 위한 것이며 그것은 그들 부모의 직접적인 시선에서 벗어나 있다. 아이들은 점점 호수 옆과 Dutilhweg에서 더 넓은 놀이터를 탐색하며, 그들이 어른이 되었을 때 도시 전체가 놀이터가 된다는 것을 발견하게 될 것이다. 이 지역 건물의 구성과 다양한 도시공간은, 이런 종류의 도시 확장 계획에서 단조로움과 도시의 흥미로움이 결여된 공공의 장소에 반대하는 선언으로서 해석될 수 있다.

각기 다른 조경 Different landscape

프랑스식, 네덜란드식, 일본식, 영국식 조경은 4종류의 정원 디자인에 도입되었다. 바닥 포장, 거리 시설물, 놀이기구, 나무와 식물들이 이들 주제에 따라 결정된다. 일본식 숲으로 내려가는 콘크리트 블록의 바닥을 세 발 자전거를 타고, 가면 자전거의 소리뿐 아니라 대나무의 속삭이는 소리도 들을 수 있다. 더 크고 각진 바위를 오를 수 있고 자갈이 깔려있는 곳에서 놀 수도 있다. 영국식 정원에서는, 언덕 사이로 바람을 가르며, 스케이트를 탈 수 있고 미니골프도 할 수 있고 장미의 향을 맡을 수도 있다. 잘 다듬어진 버드나무를 가진 네덜란드식 정원에서는, 농장 울타리를 넘으면 무화과 나

뭇잎으로 덮인 지붕 아래의 오래된 포장 돌 위에서 놀 수 있다. 나아가면 파리의 벤치를 가진 모래 웅덩이가 있고 개들이 못나가도록 만들어놓은 울타리가 있다. 이것은 어린이의 마음에서 상상되어 왔고, 혹 어린이들이 더 이상 그곳에 살지 않더라고 여전히 매력적이다. 사람들은 봄 내음을 맡을 수 있으며, 가을의 색깔을 볼 수 있고 계절의 변화를 경험할 수 있다.

재료와 색상 Materials and colours

흰색 스터코의 남쪽 벽, 테라코타 같은 색의 북쪽 벽. 나무와 돌이 결합된 박공 지붕과 이 두가지 재료를 가르는 창문. 검은 콘크리트 블럭들. 프라이버시를 위한 콘크리트와 유리로 된 스크린. 특별히 디자인된 프리페브 콘크리트로 된 벤치는 보관상자도 될 수 있고 토끼장도 될 수 있다. 주거지역의 과장된 콘크리트 지붕. 방화벽 역할을 하는 호수 가의 주택 1층 방의 창문 사이에 있는 기둥의 리듬. 나무로 된 배는 복도를 향해 한다. 배의 깃대와 시계. 건축은 감촉적일 수 있다. 건물은 이야기를 할 수 있다. 사람들은 재료를 느낄 수 있다.

Herdenkingsplein Housing

Herdenkingplein, Maastricht, The Netherland, Mecanoo

| 디자인 컨셉 |

이 집합주택은 네덜란드 건축 그룹 Mecanoo에 의해 디자인되었다. 건물은 3개의 매스가 ㄷ 자형으로 배치되어 광장을 형성하고 있고, 맞은 편에는 마스트리히트 예술, 건축 아카데미 건물이 서 있다. 이 계획에서 광장은 옛 도시적 스케일을 도입한 랜드스케이프 개념으로 볼 수 있다. 광장 쪽으로 각 세대의 입구를 두어 커뮤니티를 발생시키고, 맞은 편에 발코니를 형성하여 프라이버시를 확보하고 있다. 한편, 1층 각 세대에는 정원을 두고 있는데, 이곳은 거주민들에 의해 자생적으로 꾸며져서 다양한 풍경을 제공하고 있다.

건물의 입면은 주로 목재로 마감해서 따뜻한 이미지를 제공하는데, 다

| 프로그램 |

네덜란드 남부도시 마스트리히트에 위치한 이 집합주택은 도시 내에 광장이라는 요소를 도입한 집합 주택이다. 이 곳 거주자들은 광장 공간을 거쳐 각 세대로 진입하게 되어 있다. 그러므로 광장 주변으로 전체 4층 규모로 복도가 형성되어 있고, 2세대가 하나의 코어를 형성하고 있다.

| 동선순환체계 |

이 집합주택은 도로변에 위치하지 않고 골목길을 따라오면 나타나는 광장을 감싸고 있다. 그러므로 광장은 이 곳의 중심공간일 뿐만이 아니라 이곳 시민들에게 통과 동선의 역할도 하고 있다. 광장은 3면으로 열려있고, 광장 주변으로 각 세대의 공동 출입구가 배치되어 있다.

| 구조 시스템 |

전체 4층 규모로 계획된 이 집합주택은 콘크리트 구조에 외부를 목재로 마감하고 있다. 목재로 마감된 솔리드한 입면의 따뜻한 이미지의 느낌과 보이드 한 창으로 마감된 복도 측 입면이 서로 대조를 이루면서 전체 매스를 분절시켜 볼륨감을 형성하고 있다.

| 주요 디테일 |

- **광장**: 부정형의 사다리꼴 모양을 하고 있는 광장은 조밀한 도시 내에 오픈스페이스를 제공한다.
- **정원**: 1층 세대들에게 제공된 정원은 거주자의 취향에 맞게 다양하게 꾸며져 있다.
- **회랑**: 지붕 캐노피에서 떨어지는 기둥들은 가늘게 표현하면서 입면을 하나의 액자처럼 보이도록 하고 있고, 이 공간은 광장 안에서 이동 동선을 제공하고 있다.
- **창**: 목재 입면에 디자인되어 있는 창은 층마다 여러 크기와 형태로 디자인되어 있다.